Blattaufbau und -stellung

Beim Blatt unterscheidet man zwischen einfachen und zusammengesetzten Blättern. Auch ihre Form und der Blattrand können sehr charakteristisch sein. Die Stellung der Blätter zueinander sind ebenfalls ein wichtiges Erkennungsmerkmal.

Die Blätter der Labkräuter stehen im Quirl.

Rand gezähnt

eingeschnitten

Der Frauenmantel hat ein einfaches Blatt.

"Gefiedert" nennt man Blätter, die wie hier beim Kleinen Wiesenknopf zusammengesetzt sind.

Zwei Blätter stehen sich genau gegenüber.

Im "Stockwerk" darunter stehen die Blätter um 90 Grad versetzt.

Die Gefleckte Taubnessel hat gekreuzt gegenständige Blätter.

Mehr entdecken, mehr verstehen

DAS KOSMOS VERSPRECHEN

Expertenwissen seit 1822

Welches Thema dich auch begeistert – auf unsere Expertise kannst du dich verlassen. Und das schon seit über 200 Jahren.

Unser Anspruch ist es, dich mit wertvollem Rat zu begleiten, dich zu inspirieren und deinen Horizont zu erweitern.

BEGEISTERUNG DURCH KOMPETENZ

Unsere Autorinnen und Autoren vereinen professionelles Know-how mit großer Leidenschaft für ihre Themen.

WISSEN, DAS DICH WEITERBRINGT

Leicht verständlich, lebensnah und informativ für dich auf den Punkt gebracht.

SACHVERSTAND, DEN MAN SEHEN KANN

Mit aussagestarken Fotos, Zeichnungen und Grafiken werden Inhalte besonders anschaulich aufbereitet.

QUALITÄT FÜR HEUTE UND MORGEN

Dafür sorgen langlebige Verarbeitung und ressourcenschonende Produktion.

Du hast noch Fragen oder Anregungen?
Dann kontaktiere unsere Service-Hotline: 0711 25 29 58 70
Oder schreibe uns: kosmos.de/servicecenter

NATURE ~ GUIDE

WILDPFLANZEN

Theresa Ester-Nacke
@wildpflanzen

KOSMOS

Unterwegs mit deinem NatureGuide

NatureGuide – Wissen

NatureGuide – Inspiration

INHALT

Die Pflanzen – einfach finden mit dem Farbcode

DER KOSMOS-FARBCODE

Die Farbe der Blüten gibt dir eine erste Orientierung, wo im Buch du die verschiedenen Pflanzen findest.

Natur immer wieder neu entdecken

Veilchen sind mit die ersten Frühjahrsblüher.

EIGENTLICH WOLLTE ICH NUR NOCH SCHNELL RAUS, den Kopf auslüften, bevor es dunkel wird. Da fallen sie mir auf: die kleinen violetten Blüten mitten im Graubraun des Waldbodens. Es sind Veilchen, eine der ersten Blüten des Jahres und für mich ein Zeichen, dass es nun endlich Frühling wird. Fast wäre ich daran vorbeigelaufen und hätte diese wunderschönen Vorboten des Lenzes nicht entdeckt. Ich halte inne, bücke mich zu den zarten Pflänzchen und schnuppere: Sind es Duftveilchen? Dabei schließe ich die Augen und mir huscht ein Lächeln über die Lippen. Endlich Frühling. Nun sind die anderen Pflanzen auch nicht mehr weit und fast täglich sprießen neue Blättchen aus dem Boden.

Pflanzen als Orientierung

Seitdem ich mich mit den Pflanzen in der Natur um mich herum beschäftige, nehme ich das Jahr und seinen Verlauf stärker war. Sie geben mir einen festen Rahmen, einen inneren Halt. So ähnlich wie die Festtage, die uns durch das Jahr begleiten. Da ist das Scharbockskraut, dass mich daran erinnert, meinen Vitaminhaushalt nach dem Winter zu pushen. Oder die Braunelle im flachen Gras des Freibads, die mir sagt: „Jetzt ist Sommer!" Spätestens das Reifen der roten Früchte des Weißdorns mahnt mich im Herbst, meine grüne Winterapotheke mit den verbliebenen Blüten und Beeren aufzufüllen. Die Natur gibt mir Gelassenheit, zeigt mir auf, dass ich jedes Jahr wieder die Chance habe, sie neu zu entdecken. Ich mache noch einen kleinen Umweg, um zum kleinen Bachufer zu laufen. Es ist nicht mein gewohnter Gang, doch die Veilchen haben mir Hoffnung gegeben, dass vielleicht dort beim Waldeck bereits die ersten Bärlauchblätter sprießen. Ich blinzle noch einmal der Abendsonne entgegen, bevor ich ein paar Schritte in den lichten Wald gehe. Und tatsächlich: Dort sehe ich das zarte Grün der frischen, saftigen Blätter. Ganz jung schmecken sie mir am besten. Ich nehme ein paar davon mit für das Abendessen und mache mich auf den Weg nach Hause.

LECKER

Junge Bärlauchblätter sind ein wahrer Genuss! Doch man darf sie auf keinen Fall mit giftigen Doppelgängern verwechseln.

ICH NEHM DICH MIT Du willst mehr über die Kräuter, Beeren und wilden Pflanzen um dich herum erfahren? In diesem Buch nehme ich dich mit auf eine Reise in die Natur, damit du die wild wachsenden Pflanzen in deiner Umgebung sicher bestimmen kannst. Denn auch direkt vor deiner Haustüre gibt es unglaublich viel zu entdecken – z. B. die würzig schmeckende Knoblauchsrauke oder die süßen Früchte der Felsenbirne.

Startguide zum richtigen Sammeln

Bevor wir richtig loslegen können, gibt es ein paar Dinge zu beachten. Schließlich wachsen um uns herum nicht nur essbare, sondern auch giftige Pflanzen und auch nicht jede Ecke ist zum Sammeln geeignet. Doch keine Sorge – ich werde dir alles Schritt für Schritt erklären.

DIE RICHTIGE SAMMELSTELLE Wir wollen natürlich gesunde und frische Pflanzen für uns sammeln. Vermeide daher das Sammeln direkt an vielbefahrenen Straßen, am Wegrand und an typischen „Gassigeh-strecken“. Achte darauf, dass an den Pflanzen keine Exkremente von Tieren, Verschmutzungen oder Fraß zu erkennen sind. Nimm also nur gesunde Pflanzen, die sauber sind und keine Verletzungen aufweisen. In Naturschutzgebieten gibt es zwar wunderschöne Pflanzen, doch da heißt es staunen statt sammeln, denn das Pflücken von Pflanzen ist dort grundsätzlich untersagt.

Wildpflanzen sind fast überall zu finden. Ich zeige dir, wie du am besten sammelst.

HANDSTRAUSSREGEL

Beim Sammeln von Wildpflanzen gilt die Handstraußregel: Nimm nur so viel, wie du in den Händen halten kannst.

NIMM RÜCKSICHT AUF DIE NATUR Nimm nur so viel mit, wie du direkt verarbeitest, und immer so, dass es aussieht, als hättest du überhaupt nicht gesammelt. Wenn an einem Standort nur sehr wenige Pflanzen einer Art stehen, lass diese komplett stehen und warte das kommende Jahr ab. Langfristig wird dir das mehr bringen, da sich die Bestände meist im kommenden Jahr erholt und sogar vergrößert haben. Mit der Zeit findest du so deine Lieblingsstandorte und kannst Jahr für Jahr wieder dorthin zurückkommen. Wenn du dann eine Stelle gefunden hast, wo du sammeln möchtest: Gehe wertschätzend mit deinem Sammelgut um, reiße die Pflanze nicht aus, sondern schneide sie ab.

100 PROZENT SICHER BESTIMMEN Nimm und verarbeite die Pflanzen nur dann, wenn du dir sicher bist, sie richtig bestimmt zu haben. Pflanzen haben oft mehrere typische Erkennungsmerkmale und sind nicht nur ausschließlich an einer Sache zu identifizieren. Wenn du dir nicht sicher bist, lass die Pflanze unbedingt stehen. Und auch wenn du eine Pflanze richtig bestimmt hast, dann probiere sie am besten einmal direkt, ohne dass du sie in einen Salat, Quark o. Ä. gibst. Schmeckt sie dir? Viele Wildpflanzen sind besonders intensiv im Geschmack und in der Regel bitterer oder schärfer als Gemüse und Salate im Supermarkt. Integriere die Wildpflanzen daher erst mal nur in kleinen Mengen in deinen Speiseplan, um dich an ihren Geschmack zu gewöhnen.

Nur was du ganz sicher bestimmen kannst, darf in den Sammelkorb.

Gehe achtsam mit deinen Naturschätzen um.

ZUR RICHTIGEN ZEIT ERNTEN Viele Wildkräuter und -pflanzen schmecken am besten, wenn die Blätter und Stängel noch zart sind, bevorzuge also die jungen Pflanzenteile. Ältere Pflanzen werden zäh und sollten nicht mehr verwendet werden, sie schmecken meist auch bitterer als die jungen Pflänzchen. Außerdem solltest du die Pflanzen nur bei schönem Wetter ernten, wenn sie trocken sind, ansonsten schimmeln sie schnell und deine Mühen haben sich nicht gelohnt.

RICHTIG HALTBAR MACHEN Dein gesammeltes Gut solltest du so schnell wie möglich verarbeiten. Wenn du Pflanzen trocknen möchtest, dann funktioniert das sehr gut auf einem Wäscheständer, über den du ein dünnes Tuch breitest und deine Pflanzen locker darauf auslegst.

So werden sie von oben und unten belüftet und schimmeln nicht. Gesammelte Wurzeln werden nach dem Waschen zum Trocknen in kleine Scheiben geschnitten oder man setzt sie gleich für eine Tinktur o. Ä. an. Für Ölauszüge schneidet man die verwendeten Pflanzenteile grob klein.

ZU GUTER LETZT Wildpflanzen können zwar unsere Ernährung bereichern und Heilpflanzen unsere Gesundheit erhalten oder fördern, dennoch gilt: (Heil-)Pflanzen können in falscher Dosierung giftig wirken. Beispielsweise kann es zu Durchfall, Erbrechen, Magenschmerzen oder Übelkeit kommen und bei sehr giftigen Arten auch zum Tod. Sei dir also bewusst, dass Pflanzen teilweise Wirkstoffe enthalten, die nur in der richtigen Dosierung gut für uns sind.

Sicher bestimmen – so geht's

In den Artporträts zeige ich dir, wie du die Wildpflanzen sicher bestimmen kannst. Dazu gibt es zu jeder Art einen kurzen Steckbrief und einen Infotext. Außerdem sind die wichtigsten Bestimmungsmerkmale direkt im Bild beschriftet, damit du weißt, worauf du achten musst.

SO FUNKTIONIERT'S

Den Löwenzahn findest du in der gelben Gruppe. Blättere dort bis zu den Blüten mit vielen Blütenblättern.

Die Pflanzen sind nach ihrer Blütenfarbe in die Gruppen Weiß, Rot, Gelb, Blau und Grün/Braun eingeteilt. Pflanzen mit rosa Blüten findest du eher bei Rot, Pflanzen mit lila Blüten eher bei Blau. Innerhalb dieser Farbgruppen sind die Pflanzen nach ihrer Blütenform gegliedert: Zuerst kommen die Arten mit nur vier Blütenblättern, dann die mit fünf, sechs oder mehr und am Ende die Blüten, die zweiseitig symmetrisch sind wie z. B. die Taubnessel. Damit du dich schneller orientieren kannst, findest du die Blütenform als Symbol neben dem Artnamen. Gehölze findest du unabhängig von ihrer Blütenfarbe ganz am Ende des Buches ab Seite 124.

Nichts wie raus und schau, was du am Wegesrand, auf den Wiesen und im Wald alles entdecken kannst! In den Artporträts zeige ich dir, wie du die Wildpflanzen sicher bestimmst.

Viele Pflanzen wachsen sicher auch direkt in deiner Nähe!

Gewöhnliche Knoblauchsrauke

Alliaria petiolata, Kreuzblütengewächse

GRÖSSE: 20 – 100 cm
TYPISCH: Blätter riechen beim Zerreiben knoblauchartig
BLÜTEZEIT: April – Juni
LEBENSRAUM: Halbschattige Wälder, an Wegen, Parks und Büschen. Stickstoffzeiger. Häufig.
SAMMELN: Junge Blätter, Blüten, Samen, Wurzel

VERSCHIEDENE BLATTFORMEN Die Knoblauchsrauke weist zwei unterschiedliche Blattformen auf. Die grundständigen, bodennahen Blätter der Pflanze sind nierenförmig und haben einen langen Stiel. Die Blätter am Stängel hingegen sind herzförmig und wechselseitig angeordnet.
HEMMT PILZE Große Bestände der Knoblauchsrauke können Bäume schädigen, da sie das Wachstum von Mykorrhizapilzen hemmen, die mit den Bäumen in Symbiose leben.
AM BESTEN ROH GENIESSEN Alle Teile der Knoblauchsrauke sind essbar. Die frischen Blätter schmecken leicht nach Knoblauch, verlieren ihren Duft aber beim Kochen. Sie schmecken frisch in Kräuterquarks oder auch als Würze im Salat. Sogar die Pfahlwurzel kann geerntet werden, geschmacklich erinnert diese an Meerrettich.

VERSCHÄRFT

In den Schoten liegen die länglichen Samen, die ab etwa Juni reif sind. Sie haben einen senfartigen, scharfen Geschmack und man kann sie wie Pfeffer verwenden.

Samenschote der Knoblauchsrauke

4 Blütenblätter über Kreuz
Blüten in Trauben
herzförmig
Geruch und Geschmack der Knoblauchsrauke sind eigentlich Abwehrmechanismen gegen Fraßfeinde. Bei mir funktioniert das leider nicht so ganz – ich finde sie sehr lecker!

Hirtentäschelkraut

Capsella bursa-pastoris, Kreuzblütengewächse

GRÖSSE: 2 – 70 cm
TYPISCH: Herzförmige bis 3-eckige Schötchen
BLÜTEZEIT: Jan – Dez
LEBENSRAUM: Nährstoffreiche Äcker und Gärten, Wegränder, Ruderalstellen, brachliegende Flächen. Stickstoffzeiger. Häufig.
SAMMELN: Blätter, Blüten, Schötchen, Wurzel

DES HIRTEN TÄSCHCHEN Namensgebend für das Hirtentäschel sind die herzförmigen Schötchen. Sie sollen eine gewisse Ähnlichkeit mit den altertümlichen Umhängetaschen von Hirten haben. Auch der wissenschaftliche Name *bursa-pastoris* weist darauf hin: *bursa* bedeutet „kleine Tasche" und *pastoris* lautet richtig übersetzt „des Hirten" – also Tasche des Hirten. Die Schötchen kann man essen, sie schmecken leicht scharf. Die jungen Blätter ähneln geschmacklich dem Rucola und sind lecker im Salat.
VERWECHSLUNG Acker-Hellerkraut *(Thlaspi arvense)*, Früchte kreisrund.

Pfeilkresse

Cardaria draba, Kreuzblütengewächse

GRÖSSE: 20 – 50 cm
TYPISCH: Stängelumfassende, pfeilförmige Blätter
BLÜTEZEIT: Mai – Juli
LEBENSRAUM: Weg- und Straßenränder, Brachen, Böschungen und Weinberge. Auf trockenen, warmen Standorten. Tritt meist in größeren Gruppen auf. Zerstreut.
SAMMELN: Blätter, Blüten, Samen

WIESENBROKKOLI

So bezeichnete eine Teilnehmerin bei einer meiner Kräuterwanderungen die Pfeilkresse – ziemlich passend, wie ich finde!

WIE KLEINE, HELLE BROKKOLIRÖSCHEN sehen die noch geschlossenen, knospigen Blütenstände aus, die einfach so zwischendurch genascht werden können oder als Beigabe in Pfannengemüse und für Salate passen. Die recht scharf schmeckende Pflanze kam erst im 18. Jahrhundert aus Vorderasien und Südosteuropa zu uns. Pfeilkresse heißt sie deshalb, weil ihre Blätter, die den Stängel umfassen, pfeilförmig sind.

unverzweigter
Stängel, 4-kantig
6–9 Blätter pro Quirl
So machst du Maibowle:
5–6 Stängel Waldmeister
mehrere Stunden anwelken
lassen. Danach für
20 Minuten in Wein,
Sekt, Apfelsaft oder
Mineralwasser hängen.
Cin Cin!

Waldmeister

Galium odoratum, Rötegewächse

GRÖSSE: 15 – 30 cm
TYPISCH: Stängel unverzweigt mit Quirlen aus 6 – 9 Blättern
BLÜTEZEIT: Mai – Juni
LEBENSRAUM: Laub- und Mischwälder mit krautigem Unterwuchs. Auf humusreichen, lockeren Lehmböden. Häufig.
SAMMELN: Junge Triebe vor der Blüte

Waldmeisterbestand

KRAUT MIT LANGER GESCHICHTE Schon die Wikinger würzten ihr Bier mit getrocknetem Waldmeister und auch in Deutschland war das übliche Praxis, endete aber mit dem Reinheitsgebot von 1516. Und das wohl einfachste Rezept für Waldmeisterbowle wurde schon 854 von einem Benediktinermönch niedergeschrieben: „Schüttle den perlenden Wein auf das Waldmeisterlein." Auch in der Volksheilkunde erfreut sich das Kraut einer großen Beliebtheit: Ihm wird eine beruhigende Wirkung zugesprochen und bei Unruhe, Schlaflosigkeit und nervösem Gemüt eingesetzt.

SPARSAM VERWENDEN Der typische Waldmeistergeruch und -geschmack kommt von dem in der Pflanze enthaltenen Cumarin. Im frischen Kraut liegt es in gebundener Form vor, man kann es dann auch noch nicht riechen. Für den typischen Geruch und Geschmack muss man die Pflanze anwelken lassen oder einfrieren, um das Cumarin freizusetzen. Cumarin kann in höheren Dosen Kopfschmerzen verursachen und bei längerer Einnahme die Leber schädigen, daher lieber sparsam dosieren.

FAKE!

In Waldmeisterlimonade ist häufig gar kein echter Waldmeister enthalten, sondern künstliches Waldmeisteraroma.

Walderdbeere

Fragaria vesca, Rosengewächse

GRÖSSE: 5 – 25 cm
TYPISCH: Dreilappige Blätter, lang gestielt, Oberseite kahl, gezähnt, Endzahn der Blätter lang, weiße Blütenblätter überdecken sich am Rand, rote Scheinbeere (Sammelnussfrucht)
BLÜTEZEIT: April – Juni
LEBENSRAUM: Lichte Wälder, Waldränder, Waldwege. Auf nährstoffreichen Böden. Häufig.
SAMMELN: Reife Früchte, Blätter

Beim ähnlichen Erdbeer-Fingerkraut berühren sich die Blütenblätter nicht.

LECKERE SCHEINBEERE – KLEIN UND SÜSS Der wissenschaftliche Name *fragaria* stammt vom lateinischen *fragare*, was „duften" bedeutet. Der Beiname *vesca* steht für „essbar". Die roten Früchte schmecken am besten vollreif und frisch. Die Blätter enthalten Gerbstoffe und werden gegen Entzündungen der Schleimhäute im Mund- und Rachenraum eingesetzt.
VERWECHSLUNG Erdbeer-Fingerkraut *(Potentilla sterilis)*. Blütenblätter berühren sich nicht.

Echte Brombeere

Rubus fruticosus, Rosengewächse

GRÖSSE: 1 – 4 m
TYPISCH: Sammelfrüchte mit glänzender Oberfläche
BLÜTEZEIT: Mai – Aug
LEBENSRAUM: Waldränder, Gebüsche, Parks, Steinbrüche. Auf nährstoffreichen Böden. Häufig.
SAMMELN: Reife Früchte, Blätter

VITAMINE TO GO Botanisch betrachtet sind Brombeeren keine Beeren, sondern Sammelsteinfrüchte. In jeder der einzelnen Teilfrüchte befindet sich ein Steinchen. Brombeeren können geerntet werden, wenn sie tiefschwarz und vollreif sind. Die süßen Beeren sind gut fürs Immunsystem: Neben Vitamin C, B-Vitaminen und Mineralstoffen enthalten die Früchte auch sekundäre Pflanzenstoffe, die helfen, unsere Körperzellen vor Schädigungen zu schützen. Brombeerblätter ergeben zusammen mit Erdbeer- und Himbeerblättern einen leckeren Tee.
VERWECHSLUNG Kratzbeere *(Rubus caesius)*. Weniger Einzelfrüchtchen pro Sammelfrucht, bläulich bereift.

Echtes Mädesüß

Filipendula ulmaria, Rosengewächse

GRÖSSE: 50 – 150 cm
TYPISCH: Verbreitet einen angenehm süßlichen Duft. Blütenrispen endständig mit aufrechten Seitenzweigen
BLÜTEZEIT: Juni – Aug
LEBENSRAUM: Bachufer, nasse Wiesen, Quellen, Auwälder. Auf nährstoffreichen, nassen Böden. Häufig.
SAMMELN: Blüten, Blätter

LIEBLICHES AROMA Früher wurden die Blüten zum Aromatisieren von Met (Honigwein) genutzt und auch heute noch wird das Aroma der Blüten für Säfte und Süßspeisen verwendet. Der Duft erinnert an Vanille und Marzipan und das kommt nicht von ungefähr: Mädesüß ist schließlich ebenfalls ein Rosengewächs, genau wie Mandeln und Rosen(wasser), aus denen Marzipan hergestellt wird.
„ASPIRIN DER WIESEN" wird die Pflanze auch manchmal genannt. Im 19. Jahrhundert wurden aus der Pflanze erstmals Salicylsäure-verbindungen isoliert, die entzündungshemmende Eigenschaften aufweisen. Die alte Pflanzenbezeichnung Spierstaude *(Spirea ulmaria)* war namensgebend für das bekannte Arzneimittel mit dem Inhaltsstoff Acetylsalicylsäure: Aspirin®.

Frucht und Blatt des Mädesüß

GROSS UND KLEIN

Die Blätter des Mädesüß tragen abwechselnd große und kleine Fiederblättchen. Die Früchte sind spiralförmig, darauf bezieht sich der alte Gattungsname Spirea.

zahlreiche kleine
Blütenrispen
kahler, oft rötlicher
Stängel

Wald-Sauerklee

Oxalis acetosella, Sauerkleegewächse

Die Blätter können nach unten geklappt werden.

GRÖSSE: 5 – 12 cm
TYPISCH: Weiße Blütenblätter, fein geadert und mit gelbem Fleck am Grund, typisches „Kleeblatt“
BLÜTEZEIT: April – Mai
LEBENSRAUM: Feuchte Wälder und Gebüsche. Auf etwas feuchten, modrigen Böden. Verträgt Schatten. Verbreitet. Oft in größeren Gruppen.
SAMMELN: Blätter, Blüten

WIE REGENSCHIRME Die Blätter haben am Stielansatz ein Gelenk. Damit kann die Pflanze die Stellung ihrer Blätter steuern. Tagsüber werden sie waagrecht ausgebreitet, doch bei zu starker Sonneneinstrahlung, bei tiefen Temperaturen, nachts oder bei Erschütterung der Pflanze sinkt der Zelldruck am Gelenk und die Blätter klappen daraufhin wie ein Regenschirm zusammen. Die Blätter und Blüten können gegessen werden und schmecken säuerlich-frisch. Aufgrund der enthaltenen Oxalsäure sollen aber nur kleine Mengen verzehrt werden.

Taubenkropf-Leimkraut

Silene vulgaris, Nelkengewächse

GRÖSSE: 15 – 50 cm
TYPISCH: Aufgeblasener Kelch mit rötlichem Muster
BLÜTEZEIT: Mai – Sept
LEBENSRAUM: Trockene Wiesen, Wegränder, Böschungen. Auf nährstoffarmen Rohböden. Häufig.
SAMMELN: Junge Blätter und Sprosse

NICHT NUR FÜR GOURMETS Blätter und junge Sprosse können als Wildgemüse in Salaten oder Kräuterquark verarbeitet werden. In Italien ist die Pflanze als Gourmetgemüse bekannt und wird dort „Strigoli" genannt. Die Blüten sind den ganzen Tag geöffnet, aber nur in der Nacht verströmen sie einen kleeartigen Duft, der Insekten anlockt.

SCHMETTERLINGS-LIEBLING

Das Taubenkropf-Leimkraut ist eine wichtige Pflanze für Schmetterlinge. 38 Arten finden hier Nektar oder Futter für ihre Raupen.

Vogelmiere

Stellaria media, Nelkengewächse

Die eiförmigen Blätter stehen gegenständig, der Stängel ist auf einer Längslinie behaart.

GRÖSSE: 3 – 40 cm
TYPISCH: Stängel an einer Längslinie behaart
BLÜTEZEIT: Jan – Dez
LEBENSRAUM: Gärten, Parks und Ackerränder. Auf nährstoffreichen und offenen Böden. Häufig.
SAMMELN: Obere Triebspitzen mit Blättern, Stängel, Knospen, Blüten und Samen

WERTVOLLES WILDGEMÜSE Die Vogelmiere kann sogar bei unter null Grad keimen und steht somit fast das ganze Jahr zur Verfügung. An der zarten Pflanze ist alles essbar, sie eignet sich hervorragend für den Salat. Ihr Geschmack erinnert an frischen Mais. Voller wertvoller Inhaltsstoffe ist sie außerdem, denn neben Vitamin C, A und B-Vitaminen enthält die Vogelmiere auch Mineralstoffe wie Kieselsäure, Eisen, Magnesium, Kalium und Kalzium.

Ährige Teufelskralle

Phyteuma spicatum, Glockenblumengewächse

GRÖSSE: 30 – 80 cm
TYPISCH: Geschlossene Blütenknospen nach oben gekrümmt
BLÜTEZEIT: Mai – Juli
LEBENSRAUM: Wälder, Bergwiesen. Auf etwas feuchtem, nährstoffreichem Boden. Verbreitet, im nordwestlichen Tiefland seltener.
SAMMELN: Junge Blätter, Blütenknospen, Blüten, Wurzel

Die verwandte Kugelige Teufelskralle *(Phyteuma orbiculare)* kommt in den Alpenregionen vor.

KRALLE MIT HERZFÖRMIGEN BLÄTTERN Der Name Teufelskralle bezieht sich auf die nach oben gekrümmten Blütenknospen. Die jungen, herzförmigen Blätter können wie Spinat verzehrt werden. Sie sind auch ohne Blüte gut an der schwarzen Musterung in der Blattmitte zu erkennen, allerdings ist diese nicht immer vorhanden. Die noch geschlossenen Blütenknospen sind ein Highlight: Man kann sie roh knabbern, sie schmecken frisch im Salat oder können gedünstet werden. Auch die Wurzel ist roh und gekocht essbar.

FACHCHINESISCH

Kennst du den wissenschaftlichen Namen?

DIE WISSENSCHAFTLICHEN NAMEN der Pflanzen stammen oft aus dem Griechischen oder Lateinischen. Übersetzt verraten sie aber einiges über die Eigenschaften der Pflanzen. Findest du heraus, welche botanische Bezeichnung zu welcher Pflanze gehört?

Lösung:
Hedera helix = Gewöhnlicher Efeu
Geum urbanum = Echte Nelkenwurz
Crataegus monogyna = Eingriffeliger Weißdorn
Hypericum perforatum = Tüpfel-Johanniskraut
Taraxacum officinale = Wiesen-Löwenzahn
Daucus carota = Wilde Möhre

DAUCUS CAROTA: *Carota* stammt aus dem lateinischen für „Karotte“. Die Worterkunft von *daucus* ist noch nicht geklärt.

GEUM URBANUM: *Geum* basiert vermutlich auf dem griechischen *geuein*, was mit „schmecken“ übersetzt werden kann, und nimmt Bezug auf die aromatische Wurzel. *Urbanum* bedeutet „städtisch“.

CRATAEGUS MONOGYNA: *Crataegus* stammt vom griechischen *kratos* für „Stärke“ und deutet auf das harte Holz der Pflanze hin. *Monogyna* setzt sich aus *mono* = „eins“ und *gyna* = „weiblich“ zusammen.

HYPERICUM PERFORATUM: *Hypericum* stammt vom griechischen *hyper* = „oberhalb“ und *eikon* = „Bild“ und hat mit der Tradition zu tun, diese Pflanze über einem Bild anzubringen, um Schlechtes abzuwenden. *Perforatum* bedeutet „durchlöchert“.

TARAXACUM OFFICINALE: *Taraxacum* leitet sich von den griechischen Worten *taraxacis*, *akeo* und *mai* ab, was übersetzt „Ich heile Entzündungen“ bedeutet. *Officinale* oder auch *officinalis* tragen viele Pflanzen im Namen, die man in der Offizin (Apotheke) kaufen konnte.

HEDERA HELIX: Vermutlich stammt *hedera* vom indogermanischen *ghed* für „umklammern“ ab. *Helix* bedeutet „gewunden“.

Gewöhnlicher Giersch

Aegopodium podagraria, Doldengewächse

GRÖSSE: 50 – 90 cm
TYPISCH: „Drei, drei und drei, bist beim Giersch dabei."
BLÜTEZEIT: Juni – Juli
LEBENSRAUM: Feuchte Wälder, Gärten, Parks, Waldränder. Auf etwas feuchten, nährstoffreichen Böden, meist an halbschattigen Standorten. Häufig.
SAMMELN: Junge Blätter

BEKÄMPFEN ERFOLGLOS Meist kennt man den Giersch nur als hartnäckiges Gartenunkraut. Tatsächlich treiben aus den verzweigten Ausläufern immer wieder neue Pflanzen nach und auch die Samen im Boden sind lange Jahre über keimfähig.
DANN LIEBER ESSEN Die jungen Blätter sind besonders fein für Salate, Giersch-Spätzle oder für Aufläufe. Mönche bauten das Kraut in mittelalterlichen Klostergärten als Spinatersatz an. Selbst unter römischen Soldaten galt der mineralreiche Giersch als Stärkung. Die als Zipperleinskraut (Zipperlein = Gicht) bekannte Pflanze wurde als Heilpflanze bei Gicht und rheumatischen Erkrankungen genutzt.

DREI – DREI – DREI

Jedes Blatt teilt sich in drei Abschnitte, die wiederum aus drei Blättchen bestehen. Auch der Stiel ist dreikantig.

Doppelt 3-teiliges Gierschblatt

weiße Doldenblüten
Einzelblüten mit
5 Blütenblättern
3-teilige Blätter
3-kantiger
Stängel

Wilde Möhre

Daucus carota subsp. *carota*, Doldengewächse

GRÖSSE: 30 – 100 cm
TYPISCH: Dunkle Blüte in der Mitte der Dolde, Blätter gefiedert, duften angenehm beim Zerreiben
BLÜTEZEIT: Juni – Sept
LEBENSRAUM: Sonnige Wiesen, Wegränder, Steinbrüche, Bahnhofsareale. Auf eher trockenen, meist kalkreichen, steinigen Böden. Verbreitet.
SAMMELN: Junge Blätter, Blüten, Wurzel vor der Blüte, Samen

FLIEGENATTRAPPE Die dunkle Blüte in der Mitte der Dolde wird als eine Art Fliegenattrappe gedeutet. Fliegen landen am liebsten dort, wo bereits andere Artgenossen sitzen, ganz nach dem Motte: „Hier muss es gut sein, wenn andere schon da sind." Aus der Wilden Möhre wurde die Gartenmöhre gezüchtet, deren Wurzel aber durch die Carotinoide orangerot gefärbt ist.

Die Wurzel der Wilden Möhre verholzt schnell. Sie ist außerdem weiß und kleiner als die der Kulturmöhre.

Bärlauch

Allium ursinum, Amaryllisgewächse

GRÖSSE: 20 – 50 cm
TYPISCH: Blatt mit deutlichem Stiel, Blütenstängel ohne Blätter, Blüten sternförmig
BLÜTEZEIT: Mai – Juni
LEBENSRAUM: Auwälder, feuchte Laubwälder. Auf humusreichen Böden. Meist an schattigen Standorten. Häufig.
SAMMELN: Blätter, Blüten, Früchte

Die Blätter der hochgiftigen Herbstzeitlosen (*Colchicum autumnale*) können mit denen des Bärlauchs verwechselt werden.

VORSICHT IST GEBOTEN Der Bärlauch gehört mit zu den beliebtesten essbaren Wildkräutern, sein Knoblauchgeruch ist unverkennbar. Aber Achtung: Riechen die Finger erst einmal danach, nimmt man diesen Geruch auch bei den giftigen Doppelgängern war. Darum ist der Geruch alleine nie ausreichend für die Bestimmung, achte auch auf alle anderen Merkmale.

VERWECHSLUNG Maiglöckchen (Seite 34), junge Blätter gerollt. Aronstab (Seite 116), Blätter pfeilförmig, glänzend. Beide giftig!

Maiglöckchen

Convallaria majalis, Spargelgewächse

GRÖSSE: 10 – 20 cm
TYPISCH: Duftende Blüten in hängenden Glocken, Blätter lanzettlich, zu zweit an einem Stängel, im jungen Zustand eingerollt
BLÜTEZEIT: Mai – Juni
ACHTUNG: Geschützt. Giftig!
LEBENSRAUM: Laubwälder, Gärten. Auf feuchten Böden. Verbreitet.

Maiglöckchen tragen rote, kugelige Früchte. Auch diese sind giftig!

GIFT- UND HEILPFLANZE Maiglöckchen enthält herzwirksame Glykoside. Bei genauer Dosierung können diese bei altersbedingter Herzschwäche wirksam sein. Aber Achtung: Eine Überdosierung kann tödlich enden, deshalb keine Selbstmedikation. Im Volksglauben gilt das Maiglöckchen als Symbol ewiger Liebe und es wird auch heute noch in Hochzeitssträuße gebunden.

Busch-Windröschen

Anemone nemorosa, Hahnenfußgewächse

GRÖSSE: 10 – 25 cm
TYPISCH: Drei Blätter pro Pflanze, die von einem Quirl am Stängel abgehen
BLÜTEZEIT: März – Mai
ACHTUNG: Giftig!
LEBENSRAUM: Laub- und Nadelwälder, Gebüsche, an Bachufern. Auf eher feuchten, kalkhaltigen Böden. Häufig.

KOMMT GERNE IN GRUPPEN VOR Bereits im Herbst bildet die Pflanze ihre Anlage für Blätter und Blüten des Folgejahres und speichert die Energie für das Wachstum im Frühjahr in ihren Wurzelstöcken. So kann sie das Sonnenlicht nutzen, wenn der Wald noch unbelaubt ist, und bildet dann ganze Blütenteppiche. Typisch für Hahnenfußgewächse enthält das Busch-Windröschen giftiges Protoanemonin, das zu Hautentzündungen führen kann.
VERWECHSLUNG Gelbes Windröschen *(Anemone ranunculoides)*. Blüte gelb. Giftig!

Der Blütenstand der Schafgarbe sieht zwar aus wie eine Dolde, aber wenn du genau hinschaust, erkennst du, dass er aus lauter einzelnen kleinen Korbblüten aufgebaut ist.

Schafgarbe

Achillea millefolium, Korbblütengewächse

GRÖSSE: 20 – 120 cm
TYPISCH: Dichte Scheindolden aus vielen kleinen Korbblüten, fein gefiederte Blätter
BLÜTEZEIT: Juni – Okt
LEBENSRAUM: Wiesen, Halbtrockenrasen, Weiden, Äcker. Auf nährstoffreichen Böden. Verbreitet.
SAMMELN: Blätter, Blüten

AUGENBRAUE DER VENUS wird die Pflanze auch genannt. Tatsächlich sehen die stark gefiederten Blättchen einer Augenbraue ähnlich. Auch der Beiname *millefolium*, was mit „tausend Blättchen" übersetzt werden kann, verweist auf auf das Aussehen der Blätter.
HEILPFLANZE Erkrankte Schafe fressen die Pflanze vermehrt, bevorzugen dabei aber eindeutig die Blätter und verschmähen Blüte und Stiel. Das Wort „Garbe" kommt von „Garwe", ein althochdeutsches Wort für Gesundmacher. Die Schafgarbe macht aber nicht nur Schafe gesund, sondern ist schon sehr lange auch bei uns Menschen als Heilkraut bekannt.
FRAUENKRAUT Schafgarbe enthält ein ätherisches Öl, das dem der Echten Kamille (Seite 38) stark ähnelt. Es wirkt krampflösend und appetitanregend. Die Blätter haben einen herben, etwas bitteren, aromatischen Geschmack und eigenen sich für Suppen oder zum Würzen von unterschiedlichen Gerichten. Schafgarbe wird aufgrund ihrer krampflösenden Eigenschaften heute noch in der Volksheilkunde bei „Frauenleiden" wie Menstruationsbeschwerden eingesetzt und schon ein altes Sprichwort sagt: „Schafgarbe im Leib tut wohle jedem Weib".

2 – 3-fach fiederspaltige Blätter mit sehr feinen Zipfeln

Echte Kamille

Matricaria chamomilla, Korbblütengewächse

GRÖSSE: 15 – 40 cm
TYPISCH: Starker Kamillenduft der Blüten, Blütenkörbchen kegelförmig und hohl
BLÜTEZEIT: Mai – Aug
LEBENSRAUM: Weg- und Ackerränder, Schuttplätze. Auf nährstoffreichen, meist kalkarmen Böden. Häufig.
SAMMELN: Blüten im voll entfalteten Zustand

DIESER DUFT Die ätherischen Öle der Pflanze sorgen für den unverkennbaren Duft. Der wissenschaftliche Name *chamomilla* stammt vom griechischen *chamai* (= niedrig) und *melon* (= Apfel) ab und beschreibt den apfelähnlichen Geruch der Pflanze. *Matricaria* kann mit „Mutterkraut" übersetzt werden, was bereits ein Hinweis darauf ist, dass die Pflanze besonders bei Frauenleiden eingesetzt wurde.
HOHES ANSEHEN SEIT JAHRTAUSENDEN Bereits die Ägypter wussten um die Heilkraft der Kamille und rührten Salben damit. Auch die Griechen kannten die Pflanze als Mittel gegen Magen-Darm-Beschwerden und Entzündungen. Heute noch ist die Echte Kamille eine der bekanntesten Heilpflanzen. Ein Tee daraus wird u. a. bei Reizmagen, Entzündungen oder Krämpfen genutzt. Äußerlich verwendet man die Pflanze für Cremes und Öl bei Wunden und Infektionen der Haut.

Echte Kamille links,
Geruchlose Kamille rechts

INNEN HOHL

Du kannst die Echte Kamille eindeutig bestimmen, indem du das Blütenköpfchen halbierst. Bei der Echten Kamille ist es innen hohl, bei anderen, wirkungslosen Kamillearten gefüllt.

gelbe, kegelförmige
Blütenkörbchen
weiße, nach unten
gebogene Zungenblüten

Gänseblümchen

Bellis perennis, Korbblütengewächse

GRÖSSE: 5–15 cm
TYPISCH: Stängel blattlos mit je einer Blüte
BLÜTEZEIT: Jan – Nov
LEBENSRAUM: Rasen, Wiesen, Weiden. Nährstoffzeiger. Verbreitet.
SAMMELN: Blüten, Knospen, Blätter

Die leicht bitteren Gänseblümchen schmecken super in einem frischen Wildkräuter-Salat.

IMMER DER SONNE NACH ist das Motto des Gänseblümchens – die Blütenkörbchen richten sich nach ihr aus. Dieser Effekt ist auch als Heliotropismus bekannt. Abends und bei schlechtem Wetter schließen sich die Körbchen, damit der kostbare Blütenstaub geschützt ist. Der wissenschaftliche Beiname *perennis* bedeutet soviel wie „das ganze Jahr hindurch" oder „ausdauernd" und spricht darauf an, dass die Pflanze teilweise ganzjährig blüht.
INNERLICH UND ÄUSSERLICH Das Pflänzchen enthält Bitterstoffe und Flavonoide, die unsere Verdauung fördern und unser Immunsystem stärken. Auch äußerlich werden Auszüge der Pflanze genutzt, um Hauterkrankungen zu behandeln.

Behaartes Knopfkraut

Galinsoga quadriradiata, Korbblütengewächse

GRÖSSE: 10 – 70 cm
TYPISCH: Lücken zwischen den 3-zipfeligen weißen Zungenblüten, behaarter Stängel
BLÜTEZEIT: April – Okt
LEBENSRAUM: Acker, Weinberge, Wegränder, in Gärten. Auf nährstoffreichen Böden. Häufig.
SAMMELN: Junge Sprosse und Blätter vor der Blüte, bei blühenden Pflanzen obere Laubblätter

Das Knopfkraut ist ein zähes Pflänzchen, du kannst es sogar in Mauerritzen und Pflasterfugen in der Stadt entdecken.

KAM MIT DEN FRANZOSEN Zu Beginn des 19. Jahrhunderts, zur gleichen Zeit des Vormarsches der französischen Armee, breitete sich die Pflanze in Richtung Osten aus, weshalb sie auch Franzosenkraut genannt wird. Junge Pflanzenteile enthalten bis zu viermal so viel Vitamin C wie Zitrusfrüchte und wurden früher gegen Skorbut eingesetzt.
VERWECHSLUNG Kleinblütiges Knopfkraut *(Galinsoga parviflora)*, Stängel fast oder ganz kahl.

Blattrosetten im Frühjahr

VIELE PFLANZEN bilden im Frühjahr erst einmal dicht am Boden eine Blattrosette aus, bevor die blütentragenden Stängel erscheinen. Die Rosettenblätter sehen oft total anders aus als die Blätter am Blütenstiel. Schau mal…

Diese Pflanze heißt

Nachtkerze

Das sind doch

Echte Schlüsselblumen

Wiesen-Sauerampfer

Rumex acetosa, Knöterichgewächse

GRÖSSE: 30 – 100 cm
TYPISCH: Blätter lang gestielt, untere Blätter pfeilförmig mit spitzen Ecken
BLÜTEZEIT: Mai – Juli
LEBENSRAUM: Wiese, Weiden, Wegränder, Fluss- und Bachufer. Auf nährstoffreichen Böden. Verbreitet.
SAMMELN: Junge Blätter, Samen

SAUER MACHT LUSTIG Sauerampfer ist eines der sieben Kräuter in der bekannten Frankfurter Grünen Soße, die traditionell an Gründonnerstag zubereitet wird. Die Kräuter in der Soße enthalten Vitamin C, Gerbstoffe und Flavonoide. In der Volksheilkunde wird Sauerampfer auch bei Appetitlosigkeit eingenommen. Zur Linderung von Unterleibsschmerzen empfahl Sebastian Kneipp, Sauerampfer in Wein zu kochen.
NICHT ZU VIEL Alle Ampferarten enthalten Oxalsäure und Kaliumoxalat. Diese sind schwach giftig und können zu Nierenschäden führen. Größere Mengen an Sauerampfer wirken abführend, deshalb sollte man ihn immer nur in kleinen Mengen verzehren.
VERWECHSLUNG Gefleckter Aronstab (*Arum maculatum*, S. 116). Blattoberseite glänzend, oft mit dunklen Flecken. Giftig!

Kleiner Feuerfalter

FUTTERPFLANZE

Der Sauerampfer ist eine wichtige Futterpflanze für Raupen von teilweise gefährdeten Schmetterlingsarten. An ihm fressen u. a. die Raupen vieler Feuerfalter-Arten.

winzige rote Blüten
Stängelblätter umfassen den Stiel
untere Blätter pfeilförmig mit spitzen Ecken

rosa, manchmal weiße Blüten
in Scheindolden
Blätter
gegenständig
ganzrandige oder
gesägte Fiedern

Arznei-Baldrian

Valeriana officinalis, Geißblattgewächse

GRÖSSE: 40 – 100 cm
TYPISCH: Blüten in rispigen Scheindolden
BLÜTEZEIT: Mai – Aug
LEBENSRAUM: Feuchte Wiesen, Gräben, feuchte Wälder. Auf nährstoffreichen, oft lehmigen Böden. Häufig.
SAMMELN: Wurzel

ANZIEHUNGSKRAFT AUF KATZEN Getrocknete Wurzeln des Baldrians locken Katzen an. Der Geruch ist für die Vierbeiner geradezu unwiderstehlich. Blüten und frische Pflanzen riechen jedoch ganz anders als die Wurzel im getrockneten Zustand, darum wirken frische Pflanzenteile nicht auf Katzen.
BEI UNRUHEZUSTÄNDEN Während Katzen bei Baldrian total aufdrehen, wirkt die Pflanze beim Menschen genau umgekehrt: In der Medizin werden Auszüge der getrockneten Wurzel bei Unruhe und Schlafstörungen genutzt. Bereits seit dem Altertum hat Baldrian einen hohen Stellenwert in der Volksheilkunde. Während der Pest wurden Baldrian und Bibernelle prophylaktisch eingenommen. So hieß es: „Esst Bibernell und Baldrian, so geht euch die Pest nicht an.“

Baldrianwurzel-Tinktur

BERUHIGEND

Die Wurzeln in 70%igem Alkohol eingelegt ergeben eine beruhigend wirkende Tinktur. Ein Teelöffel davon hilft, besser einzuschlafen.

Rote Lichtnelke

Silene dioica, Nelkengewächse

GRÖSSE: 30 – 90 cm
TYPISCH: Rote Blütenblätter tief gespalten
BLÜTEZEIT: April – Sept
ACHTUNG: Schwach giftig!
LEBENSRAUM: Feuchte Wiesen, lichte Wälder. Auf nährstoffreichen, kalkhaltigen Böden. Häufig.

Weibliche Blüten haben einen dickbauchigen Kelch (links), bei männlichen Blüten ist er viel schlanker (rechts).

MÄNNCHEN UND WEIBCHEN Tagfalter und langrüsselige Hummeln bestäuben die duftlosen Blüten. Der wissenschaftliche Terminus *dioica* (= zweihäusig) weist bereits darauf hin, dass es weibliche und männliche Pflanzen-Individuen gibt. Männliche Pflanzen bilden im Vergleich zu den weiblichen deutlich mehr und etwas größere Blüten aus.

VERWECHSLUNG Kuckucks-Lichtnelke *(Silene flos-cuculi)*. Blütenblätter vielfach tief geschlitzt. Giftig!

Gewöhnliches Seifenkraut

Saponaria officinalis, Nelkengewächse

GRÖSSE: 30 – 80 cm
TYPISCH: Rosa Blüten dicht beieinanderstehend
BLÜTEZEIT: Juni – Sept
ACHTUNG: Schwach giftig!
LEBENSRAUM: Flussufer, Schuttplätze, Wege. Auf nährstoffreichen, sandigen Böden. Häufig.

KRAUT MIT WASCHAKTIVEN SUBSTANZEN Wurzel und Wurzelstock enthalten Saponine (Seifenstoffe). Früher wurde die Pflanze als Seifenersatz verwendet, da sie zusammen mit Wasser waschaktiven Schaum bildet.

AUS DER APOTHEKE Der wissenschaftliche Beiname *officinalis* zeigt übrigens, dass das Kraut in der Offizin (Begriff für Apotheke) als Arzneimittel verwendet wird. Heilkundlich setzt man die Pflanze ein, um zähen Schleim in Hals, Rachen und Nase zu verflüssigen. Da größere Mengen davon zu Erbrechen führen, sollte man die Pflanze aber besser nicht einfach so zu sich nehmen.

Tollkirsche

Atropa belladonna, Nachtschattengewächse

GRÖSSE: 50 – 150 cm
TYPISCH: Blüten glockig hängend, Beeren schwarz glänzend
BLÜTEZEIT: Juni – Aug
ACHTUNG: Giftig!
LEBENSRAUM: Waldwege, Waldlichtungen. Auf etwas feuchten, nährstoffreichen und meist kalkhaltigen Böden. Häufig, im Norden und im Tiefland fehlend.

Schon wenige der schwarz glänzenden Beeren sind für uns tödlich – manche Vögel können sie aber gefahrlos fressen.

TÖDLICH GIFTIG Der Name *Atropa* nimmt Bezug auf die griechische Schicksalsgöttin Atropos, die laut Mythologie den Lebensfaden durchschneidet und so ein Leben beendet. Das deutet also bereits auf die starke, ja tödliche Giftigkeit der Pflanze hin. Im Kontrast dazu steht der Beiname *belladonna*, was „schöne Frau" bedeutet. Die enthaltenen giftigen Alkaloide (Atropin, Scopolamin, Hyoscyamin) bewirken eine Weitstellung der Pupillen, die Augen wirken dadurch groß und dunkel. Im Mittelalter nutzten Frauen ein Wasser mit verdünntem Saft der Tollkirsche, um sich diesen Effekt zunutze zu machen und noch schöner auszusehen.

MEDIZINISCH GENUTZT Die ganze Pflanze ist hoch giftig und bereits wenige Beeren können tödlich sein. Dennoch: Medizinisch ist die Tollkirsche bereits seit dem Altertum bekannt und wurde als Schmerz- und Narkosemittel genutzt. Auch heute noch werden aus der Pflanze industriell Arzneimittel hergestellt, die bei kolikartigen Schmerzen des Magen-Darm-Traktes verwendet werden. Hier ist aber eine genaue Dosierung extrem wichtig.

Blüten in den Blattachseln
glockige, rötliche bis bräunliche Blüten
eiförmige, vorne zugespitzte Blätter

Gewöhnlicher Beinwell

Symphytum officinale, Raublattgewächse

GRÖSSE: 30 – 100 cm
TYPISCH: Anfangs schneckenartig eingerollte Blütenstände
BLÜTEZEIT: Mai – Juli
LEBENSRAUM: Auenwälder, Ufer, Wegränder, Wiesen. Auf nährstoffreichen, feuchten Böden. Verbreitet.

Die Farbe der Blüten kann variieren, es gibt auch gelblich-weiße Exemplare.

URALTE HEILPFLANZE Bereits in der Antike wurde Beinwell bei Knochenbrüchen und Wunden verwendet. Der Name sagt das schon: *Bein* steht für „Knochen"; *well* stammt von *wall* für „zuwachsen". Tatsächlich verbessert das enthaltene Allantoin die Wundheilung und findet sich wegen der zellregenerierenden Wirkung auch in Kosmetika. Da Beinwell wie andere Raublattgewächse jedoch Pyrrolizidinalkaloide enthält, die die Leber schädigen können, sollte man ihn nur äußerlich anwenden.

Stink-Storchschnabel

Geranium robertianum, Storchschnabelgewächse

GRÖSSE: 20 – 40 cm
TYPISCH: Starker Eigengeruch, Blätter in gestielte Abschnitte unterteilt
BLÜTEZEIT: Mai – Okt
LEBENSRAUM: Wälder, Wegesränder, auf Mauern, Schuttplätze, Ödflächen. Auf nährstoffreichem Boden. Verbreitet.

Die Samen werden über einen Schleudermechanismus bis zu sechs Meter weit aus der Samenkapsel katapultiert.

DER NAME IST PROGRAMM Die enthaltenen ätherischen Öle sorgen für den unverkennbaren, unangenehmen Geruch, den man beim Zerreiben der Blätter wahrnimmt. Er kann Motten und Fliegen vertreiben. Schau dir mal die Fruchtkapsel an – sie hat tatsächlich Ähnlichkeit mit dem Schnabel eines Storches.
LICHTSCHUTZ Ist dir aufgefallen, dass die Stängel und Blätter manchmal rot gefärbt sind? An Standorten mit starker Sonneneinstrahlung bildet die Pflanze diese Lichtschutzpigmente, um sich vor UV-Strahlung zu schützen.

NEU BEI UNS

Neophyten

WAS SIND NEOPHYTEN?

Als Neophyten werden Pflanzen bezeichnet, die in unserer Vegetation außerhalb ihres ursprünglichen Verbreitungsgebietes wachsen. Manche wurden absichtlich für Parks und Gärten eingeführt (und sind von dort entkommen), andere sind unbeabsichtigt eingewandert. „Neu" wie es im Name Neophyt steht (neos = neu) ist dabei relativ, denn per Definition werden alle Pflanzen, die nach dem Jahr 1492 eingewandert sind, als Neophyten bezeichnet. Somit gehören auch viele unserer schon lange bekannten Nutzpflanzen wie Apfelbaum, Kartoffel oder Tomate zu den Neophyten. Zum Großteil treten eingeschleppte Arten an neuen Standorten nur kurzfristig auf und werden dann durch die heimische Vegetation wieder verdrängt oder können sich aufgrund der klimatischen Verhältnisse nicht auf Dauer ansiedeln. Aber es gibt auch Ausnahmen...

Zählt zu den invasiven Arten: Die unscheinbaren Keimlinge des Drüsigen Springkrauts schaffen es bis zum Spätsommer auf eine Größe von über zwei Metern.

WAS SIND INVASIVE NEOPHYTEN?

Anders als bei den meisten eingebürgerten Pflanzen, die nach kurzer Zeit an wilden Standorten wieder verschwinden, verhält es sich bei den sogenannten invasiven Arten. Als invasive Neophyten werden Pflanzen bezeichnet, die konkurrenzstark gegenüber der heimischen Flora sind und diese teilweise stark verdrängen. Dazu zählen z.B. das Drüsige Springkraut (*Impatiens glandulifera*), das Einjährige Berufkraut (Erigeron annuus) und die Kanadische Goldrute (*Solidago canadensis*). Die Fachwelt beurteilt diese Arten ganz unterschiedlich: Zum einen wird auf die Gefahr hingewiesen, die diese Pflanzen für unsere heimische Flora aufweisen. Auf der anderen Seite ist die Pflanzenwelt schon seit jeher einem ständigen Wandel unterzogen.

Einjähriges Berufkraut stammt aus Nordamerika und kam im 17. Jahrhundert nach Europa.

Springkrautsamen sind unreif und reif essbar und aus den Blüten kann man einen Sirup kochen.

Positiv bleiben.

INVASIVE ARTEN HABEN AUCH VORTEILE

Eines ist sicher: Neophyten wird es weiterhin geben, die unsere heimische Flora verändern. Es gibt aber auch Ideen, wie du sie für dich nutzen kannst. Beim Drüsigen Springkraut sind die Früchte essbar und schmecken nach Haselnuss. Mit den Blüten kannst du einen pinkfarbenen Sirup ansetzen. Außerdem blühen das Drüsige Springkraut und auch die Kanadische Goldrute erst im Spätsommer und das reichliche Nektarangebot macht sie attraktiv für nektarsuchende Insekten. Wie immer: Vieles hat eben zwei Seiten.

aufrechter Wuchs
Blütenblätter mit
dunklen Nerven
vorne eingebuchtet
Unreife Früchte

Wilde Malve

Malva sylvestris, Malvengewächse

GRÖSSE: 15 – 40 cm
TYPISCH: Blätter 3 – 7-teilig mit gerundeten Abschnitten, Früchte erinnern an Hartkäselaibe
BLÜTEZEIT: Juni – Okt
LEBENSRAUM: Sonnige Wildkrautbestände am Wegesrand, Schuttplätze. Zeigt Stickstoffreichtum an. Zerstreut.
SAMMELN: Blätter, Blüten, Früchte

BEI REIZHUSTEN Blätter und Blüten der Pflanze enthalten reichlich Schleimstoffe (bis zehn Prozent) und werden daher bei trockenem Reizhusten eingesetzt. Das Aussehen der Früchte erinnert an einen Hartkäselaib, sie wurden daher auch „Katzenkäse“ genannt. Unreif geerntet schmecken die Früchte leicht nach Kohl. Eine einzelne Spaltfrucht beherbergt etwa 8 – 15 Samen, also eine ganze Menge!
SATTE FARBEN Die schöne Blütenfarbe der Malve stammt von Anthocyanen. Je nach pH-Wert können stark violette oder zarte Rosatöne zum Vorschein kommen. Kalt angesetzter Tee aus Malvenblüten färbt sich zuerst einmal blau – doch gibt man nur einen Tropfen Zitronensaft hinzu, wird aus dem blauen Getränk ein pinkes.
VERWECHSLUNG Mauretanische Malve *(Malva mauritania)*, Blüten dunkler und größer.

RÜCKENFREUNDLICH

Bei guten Standortbedingungen kann die Wilde Malve ganz schön groß werden. Ich freue mich über das rückenfreundliche Ernten.

Ich liebe es, Wildkräuter zu sammeln.

Drüsiges Springkraut

Impatiens glandulifera, Balsaminengewächse

GRÖSSE: 50 – 250 cm
TYPISCH: Reife Fruchtkapseln sind keulenförmig
BLÜTEZEIT: Juli – Aug
LEBENSRAUM: Feuchte Wälder, Auwälder, Ufer. Auf nährstoffreichen, gut durchfeuchteten Böden. Häufig.
SAMMELN: Blüten, Samen

Die Samen sind essbar und erinnern an Haselnuss – perfekt für ein knackiges Müsli.

AUS DEM HIMALAYA Die Pflanze wurde im 19. Jahrhundert erstmals als Zierpflanze in Europa ausgesät. Sie entwickelt sich rasant, bildet oft dichte Bestände aus und wird vielerorts als invasiver Neophyt bekämpft. Der Gattungsname *impatiens* kommt aus dem lateinischen und bedeutet „ungeduldig". Tatsächlich platzen die empfindlichen Fruchtkapseln bereits bei der kleinsten Berührung auf, da kann sogar ein Wassertropfen schon reichen. Die Samen werden dabei mehrere Meter weit herausgeschleudert. Der Beiname *glandulifera* bedeutet „Drüsen tragend". Schau dir mal die Blattstiele an, dort erkennt man die meist rötlichen Drüsen.

Gefleckte Taubnessel

Lamium maculatum, Lippenblütengewächse

GRÖSSE: 15 – 60 cm
TYPISCH: Unterlippe der Blüte meist weiß-rot gefleckt
BLÜTEZEIT: April – Sept
LEBENSRAUM: Wald- und Wegränder, Hecken, Zäune, Auenwälder. Nährstoffanzeiger. Häufig, im Norden seltener.
SAMMELN: Junge Blätter für Salate, Blüten als Deko

SÜSSE LECKEREI Der Nektar besteht bis zu 40 Prozent aus Zucker – attraktiv für viele Insekten. Langrüsselige Hummeln kommen direkt an den Nektar. Kleinere Insekten, deren Rüssel zu kurz sind, beißen von der Seite die Kronröhre auf, um daran zu gelangen. Die Süße kannst du selbst testen: Einfach eine Blüte herausziehen und den Nektar mit dem Mund aussaugen. Der Beiname *maculatum* bedeutet „gefleckt", was auf die zweifarbige Unterlippe hinweist. Die jungen Triebspitzen können für Suppen, Salate, Pesto o.Ä. verwendet werden.
VERWECHSLUNG Purpurrote Taubnessel *(Lamium purpureum)*, meist rötlich überlaufene Blätter.

Rot-Klee, Wiesen-Klee

Trifolium pratense, Schmetterlingsblütengewächse

GRÖSSE: 15 – 40 cm
TYPISCH: Meist zwei Blütenköpfe pro Stängel, diese unterschiedlich weit entwickelt
BLÜTEZEIT: Juni – Sept
LEBENSRAUM: Wiese, Weiden, Wegränder. Ganz Europa.
SAMMELN: Blütenköpfe, Blätter

BODENVERBESSERER Wie fast alle Pflanzen der Familie der Schmetterlingsblütengewächse (Unterfamilie der Hülsenfrüchtler) geht auch der Wiesenklee mit speziellen Bakterien, Rhizobien oder Knöllchenbakterien genannt, eine Symbiose ein. Die Bakterien gelangen über die Wurzelhaare in die Wurzel und führen zur Bildung kleiner Knöllchen an der Pflanze. Dort finden sie optimale Lebensbedingungen und werden mit Nährstoffen versorgt. Im Gegenzug dazu binden die Bakterien Stickstoff aus der Luft und machen ihn für die Pflanze verfügbar, womit gleichzeitig der Boden gedüngt wird. Bereits im 18. Jahrhundert säten Bauern den Wiesen-Klee aus diesem Grund als natürlichen Gründünger aus.
PFLANZENHORMONE Der Rot-Klee enthält sogenannte Phytoöstrogene, also Pflanzenstoffe, deren chemischer Aufbau Sexualhormonen wie Östrogen ähnelt. Sie können an die gleichen Rezeptoren wie körpereigenes Östrogen binden. Dadurch ist es möglich, den weiblichen Hormonhaushalt zu beeinflussen. Die Wirkung ist allerdings wesentlich geringer als die des körpereigenen Östrogens. In der Volksmedizin wird der Rot-Klee bei Wechseljahrbeschwerden eingesetzt.

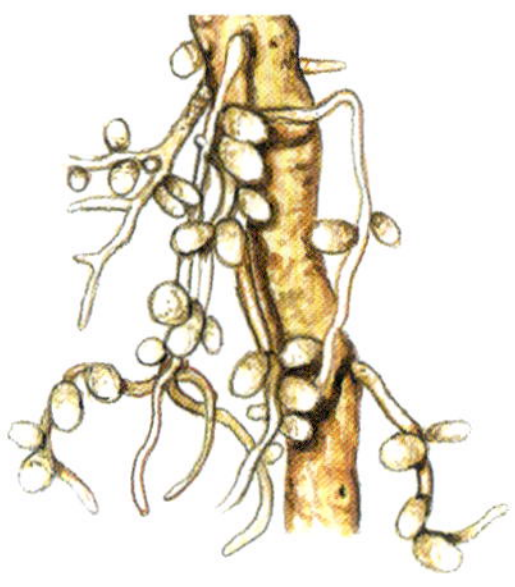

In den Wurzelknöllchen leben Bakterien, die Stickstoff aus der Luft binden können.

Auch andere Kleearten wie z. B. der Weiß-Klee (T. repens) sind essbar und enthalten ganz ähnliche Inhaltsstoffe wie der Rot-Klee.
obere Blätter umhüllen die Blütenköpfchen
Blätter 3-teilig, weiße Zeichnung am Blatt
Blütenköpfe meist unterschiedlich weit entwickelt

Wald-Ziest

Stachys sylvatica, Lippenblütengewächse

GRÖSSE: 30 – 100 cm
TYPISCH: Dunkelrote Blüte mit weißgezeichneter Unterlippe
BLÜTEZEIT: Juni – Sept
LEBENSRAUM: Wälder, Waldwege, Gebüsche. Auf feuchten, nährstoffreichen Böden. Verbreitet.
SAMMELN: Junge Blätter und Triebe

TOTE MAUS

Mir wurde einmal erklärt, dass der Wald-Ziest nach „toter Maus" riechen würde. Zerreibt man die Blätter, ist der Geruch tatsächlich speziell.

WILDKRAUT MIT PILZAROMA Beim Zerreiben der Blätter kommt einem ein unangenehmer Duft in die Nase. Der Wald-Ziest ist dennoch essbar. Dünstet man die jungen Triebe und Blätter, bekommen sie ein pilzähnliches Aroma und passen wunderbar in eine Pfifferlingssoße.

IM SCHATTIGEN WALD Der Wald-Ziest gehört zu den wenigen Pflanzen, die sogar im Waldschatten noch blühen können. Darum lautet die Eselsbrücke dazu: „Wenn du durch den Wald ziehst, siehst du dort den Wald-Ziest".

Hohler Lerchensporn

Corydalis cava, Mohngewächse

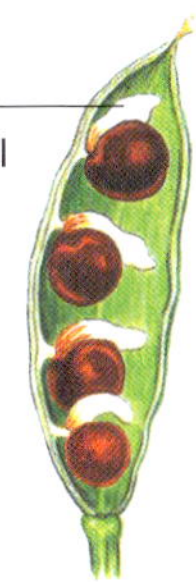

GRÖSSE: 10 – 35 cm
TYPISCH: Tragblätter ganzrandig, Blüten mit langem Sporn
BLÜTEZEIT: März – Mai
ACHTUNG: Giftig!
LEBENSRAUM: Auenwälder, Buchenwälder, in Parkanlagen. Auf feuchtem Boden. Zeigt Nährstoffreichtum an. Zerstreut in Lehm- und Kalkgebieten, im Nordwesten selten.

CLEVERE FORTPFLANZUNG Die Samen tragen ein fettreiches Anhängsel, Elaiosom genannt. Ameisen tragen den Samen fort und verfüttern das Elaiosom an ihre Larven. Der unverspeiste Samen kann an anderer Stelle wieder auskeimen, somit tragen Ameisen zur Verbreitung bei. Lerchensporn bildet im Vorfrühling duftende Blütenteppiche im Wald und an schattigen Bachläufen, noch bevor die Blätter der Bäume den Boden beschatten. Die Knolle enthält einen Hohlraum, daher der Beiname *cava* (*cavus = hohl*).
VERWECHSLUNG Gefingerter Lerchensporn (*Corydalis solida*), fingerförmig geteilte Tragblätter. Giftig!

Bloß nicht verwechseln...

... die harmlose Weiß-Tanne...

Die Nadeln sind fest und haben zwei weiße Streifen auf der Unterseite.

...mit der giftigen Eibe

Die Nadeln sind weich und oben wie unten blaugrün.

... den leckeren Bärlauch...

Die Blätter kommen einzeln aus dem Boden und haben eine deutliche Mittelrippe. Knoblauchduft!

... mit dem giftigen Maiglöckchen

Es sitzen immer zwei Blätter ohne deutliche Mittelrippe zusammen an einem Stiel. Geruchlos.

… den essbaren Holunder…

Die Früchte hängen in einem Bogen nach unten.

…mit dem giftigen Attich

Die Früchte stehen aufrecht.

… die süße Wald-erdbeere…

Die Früchte hängen, die Kelchblätter sind schmal und spitz.

…mit der geschmacklosen Schein-Erdbeere

Die Früchte stehen aufrecht, unterhalb der Kelchblätter sitzen zusätzlich gelappte Außenkelchblätter. Essbar.

Gewöhnlicher Frauenmantel

Alchemilla vulgaris, Rosengewächse

GRÖSSE: 3 – 30 cm
TYPISCH: Blätter erinnern an mantelartigen Umhang
BLÜTEZEIT: Mai – Sept
LEBENSRAUM: Wiesen, Weiden, Ränder von Waldwegen. Häufig.
SAMMELN: Blätter und Blüten

GESCHÄTZTE HEILPFLANZE Die Pflanze hat einen großen Bezug zur Weiblichkeit. Die deutsche Bezeichnung Frauenmantel soll eine Beziehung zur Jungfrau Maria zeigen, der diese Pflanze zu früheren Zeiten zugeordnet war. In der Volksmedizin wird der Frauenmantel bei Wechseljahres- und Menstruationsbeschwerden eingesetzt. Aufgrund der enthaltenen Gerbstoffe wirkt sie adstringierend und wird medizinisch bei Durchfallerkrankungen und Magen-Darm-Störungen verwendet.
ALCHEMISTENKRAUT Frauenmantel kann durch Spalten an den Blatträndern Wasser abgeben, dass dann als kleine Perlen an den Blättern hängt. Alchemisten im Mittelalter sammelten dieses Wasser für alchemistische Prozesse und dachten, dass die Pflanze ein Wunderkraut zur Goldherstellung sei. Daher stammt übrigens auch der wissenschaftliche Name *Alchemilla*.

Wasserperlen am Blattrand

WASSERABGABE

Die Wasserabgabe aus den Blättern wird Guttation genannt. Die Pflanze macht das, um den Transport von Nährstoffen aus der Wurzel in die Blätter zu gewährleisten.

Blüten gelbgrün,
nur etwa 4 – 6 mm groß
Blätter kreis- bis nierenförmig,
weich behaart
Blattrand gesägt

Blutwurz

Potentilla erecta, Rosengewächse

GRÖSSE: 10 – 30 cm
TYPISCH: Blätter umschließen den Stängel
BLÜTEZEIT: Mai – Aug
LEBENSRAUM: Heiden, lichte Wälder, Flachmoore, Waldwege. Oft auf sauren, nährstoffarmen Böden. Häufig.
SAMMELN: Wurzelstock

Der Wurzelstock wird im Herbst geerntet.

„BLUTWURZ WÄCHST DA, WO HEIDELBEEREN WACHSEN“, hat mir meine Oma gesagt. Und tatsächlich wachsen beide Pflanzen gerne auf sauren Böden und teilen sich daher oft den Standort. Von der Blutwurz wird der unterirdische Wurzelstock gesammelt und verwendet. Für Magenbitter wird er kleingeschnitten und in Hochprozentigem wie Wodka für mindestens sechs Wochen eingelegt und dann abgesiebt. Die enthaltenen Gerbstoffe wirken zusammenziehend und helfen nicht nur bei Magen-Darm-Beschwerden, sondern auch bei Entzündungen im Hals- und Rachenbereich.

Gewöhnliche Nachtkerze

Oenothera biennis, Nachtkerzengewächse

GRÖSSE: 50 – 200 cm
TYPISCH: Blüten öffnen sich erst in der Abenddämmerung, davor sehen sie wie verwelkt aus
BLÜTEZEIT: Juni – Sept
LEBENSRAUM: Schuttplätze, Böschungen, Ödflächen. Verbreitet.
SAMMELN: Blätter, Wurzeln, Knospen, Blüten, Samen

ABENDS GEÖFFNET Erst am Abend entfalten sich die 3 – 8 cm großen Blüten. Dabei öffnen sie sich so rasch, dass man es mit bloßem Auge wahrnehmen und sogar ein leises Knistern hören kann. Kurz nach dem Öffnen beginnt die Blüte, einen intensiven, süßlichen Duft zu verströmen und lockt damit Nachtfalter an.

SEHR LECKER!

Alles an dieser Pflanze ist essbar. Am liebsten mag ich die noch geschlossenen Blütenknospen in Essig eingelegt, sie schmecken wunderbar als Antipasti.

Kleinblütige Königskerze

Verbascum thapsus, Braunwurzgewächse

GRÖSSE: 30 – 70 cm
TYPISCH: Ganze Pflanze filzig behaart, Blüten 1 – 3 cm groß
BLÜTEZEIT: Juli – Sept
LEBENSRAUM: Schuttplätze, Ödflächen, Mauern, Ufer. Auf lockeren, etwas steinigen Böden. Verbreitet.
SAMMELN: Blüten

FÜR FACKELN GENUTZT Früher wurden die Blütenstände in Harz oder Pech getränkt und als Fackeln verwendet, daher trug die Pflanze auch den Namen „Fackelkraut“. Auch die Naturheilkunde verwendet die Kleinblütige Königskerze: Blüten und Blätter werden u. a. bei Atemwegserkrankungen eingesetzt. Königskerzen sind auch Mittelpunkt der traditionell zu Maria Himmelfahrt (15. August) gebundenen Kräuterbuschen.
POLLEN-TRICK Die behaarten Staubblätter täuschen mehr Pollen vor als tatsächlich vorhanden, um so Bestäuber anzulocken.
VERWECHSLUNG Großblütige Königskerze *(Verbascum thapsiforme)*, Blüten 3 – 5 cm groß.

Echte Schlüsselblume

Primula veris, Primelgewächse

GRÖSSE: 10 – 30 cm
TYPISCH: Eidotterfarbene Blüten, Blütentrichter mit orangefarbenen Streifen
BLÜTEZEIT: März – Juni
ACHTUNG: Geschützt!
LEBENSRAUM: Magerrasen, Wiesen, Waldränder, lichte Wälder. Zeigt mageren Boden an. Verbreitet.

FRÜHJAHRSBOTE IN GELB Der wissenschaftliche Name *primula* lehnt sich am Lateinischen *primus* für „der Erste“ an. Der Beiname *veris* ist der Genitiv des Wortes *ver*, das „Frühling“ bedeutet. Die Schlüsselblume ist also übersetzt „die Erste des Frühlings“.
HUSTENLÖSER Vor allem in den unterirdischen Teilen, aber auch in den Blüten, enthält die Pflanze Saponine, die schleimlösend wirken. Traditionell wird sie daher bei erkältungsbedingtem Husten eingesetzt.
VERWECHSLUNG Hohe Schlüsselblume *(Primula elatior)*, Blüten hellgelb, ohne orangenen Streifen im Blütentrichter.

dreigeteilte Blätter
Blattrosette im Frühjahr
5 gelbe Blütenblätter
Kelchblätter etwa gleich lang wie Blütenblätter

Echte Nelkenwurz

Geum urbanum, Rosengewächse

GRÖSSE: 30 – 120 cm
TYPISCH: Früchtchen bilden einen klettenartigen Kopf, dreigeteilte Stängelblätter
BLÜTEZEIT: Mai – Okt
LEBENSRAUM: Wälder, Mauern, Ödflächen. Zeigt Nährstoffreichtum an. Verbreitet.
SAMMELN: Wurzeln

ÄHNELT DEM TROPISCHEN GEWÜRZ Die Wurzel enthält den Stoff Gein, das sich beim Trocknen in das ätherische Öl Eugenol umwandelt. Den Geruch des ätherischen Öls kennst du vor allem von der Gewürznelke. Die Nelkenwurz enthält jedoch viel weniger Eugenol als echte Nelken. Trotzdem hat man sie früher als Ersatz dafür verwendet, weil sie viel billiger zu haben war als das teure, tropische Gewürz.
MÄRZWURZEL wird die Pflanze auch genannt. Das spielt darauf an, dass die Wurzel traditionell am 21. März gesammelt wurde. Dieses Datum macht durchaus Sinn, da die Pflanze bis dahin noch keine Blüten entwickelt hat und die ganze Energie in der Wurzel steckt. Hildegard von Bingen pries die Pflanze als Stärkung von Haupt und Gehirn, die Benediktiner verwendeten die Nelkenwurz für ihre Kräuterliköre.

Früchte der Nelkenwurz

TRANSPORTSYSTEM

Die kleinen Widerhaken der Früchte bleiben im Fell von Tieren hängen. Die Tiere tragen sie mit sich und sorgen so für die Verbreitung der Pflanze.

Es summt und brummt

Links: Hummeln „fliegen“ ganz besonders auf lilafarbene Blüten.
Rechts: Die schwarzen Linien wirken wie Landebahnen für die Bestäuber.

BLÜTENPRACHT IST MEHR ALS ÄSTHETIK

Die verschiedenen Farben und Formen von Blüten sind dazu da, spezifische Bestäuber anzulocken. Bienen beispielsweise sehen ultraviolettes Licht, daher ist es kein Zufall, dass viele Blüten UV-Licht reflektieren. Rein rote Blüten sehen für Bienen hingegen schwarz aus. Zusätzlich zur Farbenpracht weisen oft Markierungen, sogenannte „Saftmale“, den Weg zum Nektar.

AUSGEKLÜGELTES ZUSAMMENSPIEL

Die Pflanze möchte, dass ihr Pollen bei einer anderen Pflanze der gleichen Art zum Bestäuben ankommt. Es ist also besser, wenn das Insekt immer zur gleichen Art fliegt und nicht von Kamille über Salbei zu Holunder. Insekten hingegen sind auf der Suche nach Nahrung – Pollen und Nektar. Nahrungssuche ist für sie dann effizient, wenn sie genau wissen, wo es was gibt. Also haben sich Pflanzen und Bestäuber im Laufe der Zeit angepasst: Es ist somit kein Zufall, dass Hummeln einen langen Rüssel haben, um an den tief im Inneren der Blüte versteckten Nektar des Lavendels zu kommen.

SPEZIALISTEN UND GENERALISTEN

Einige Pflanzen wie die Weiße Lichtnelke machen sich gar nicht erst die Mühe, ihre Blüten bereits früh am Tag zu öffnen. Tatsächlich sehen ihre Blüten tagsüber etwas verwelkt und für Insekten unattraktiv aus. Diese Arten setzen auf die Abendstunden, denn ihre Bestäuber sind erst am Abend aktiv. Das sind unter anderem Nachtfalter, die mit ihren langen Rüsseln tief an den Blütengrund und somit an den Nektar kommen. Natürlich gibt es auch Pflanzen, die überhaupt nicht spezialisiert sind. Korbblütler beispielsweise werden von allen möglichen Käfern, Bienen oder Schmetterlingen besucht. Sie setzen darauf, dass möglichst viele verschiedene Arten vorbeikommen und den Pollen zur nächsten Blüte tragen. Dafür bilden sie großflächige Blütenstände mit einfach zugänglichem Nektar aus.

NICHT NUR INSEKTEN

Nicht nur Insekten sind als Bestäuber unterwegs. Wusstest du, dass auch Fledermäuse Pflanzen bestäuben? Deren Blüten riechen oft sehr stark nach Früchten oder Gärung und enthalten eine schwefelhaltige Komponente. Meist haben diese Pflanzen auch große Mengen an Nektar für die doch recht großen Tiere. Einige Kakteen sind so spezialisiert, dass sie ausschließlich von Fledermäusen bestäubt werden können.

Es gibt eine Vielzahl an Bestäubern in der Natur – vom zarten Schmetterling bis zur gewichtigen Fledermaus.

Tüpfel-Johanniskraut

Hypericum perforatum, Johanniskrautgewächse

GRÖSSE: 30 – 60 cm
TYPISCH: Zweikantiger Stängel, Blätter durchscheinend punktiert
BLÜTEZEIT: Juli – Aug
LEBENSRAUM: Heiden, Gebüsch- und Waldränder, Schuttplätze, Böschungen. Pionierpflanze. Verbreitet.
SAMMELN: Oberes Drittel des blühenden Krauts

STIMMUNGSAUFHELLEND UND HEILEND In der Volksheilkunde wird das Johanniskraut hoch geschätzt und bei leichten bis mittelschweren Depressionen eingesetzt. Aus den oberen Pflanzenteilen wird ein Ölauszug („Rotöl") gewonnen, der bei Hautverletzungen, Verbrennungen und stumpfen Verletzungen verwendet wird.
VOM TEUFEL GEZEICHNET Die Blätter des Tüpfel-Johanniskrauts enthalten Öldrüsen in den Blättern. Hält man das Blatt gegen die Sonne, kann man sie gut erkennen – sie sehen aus wie kleine Nadelstiche. In der Mythologie wurden sie als Teufelsstiche interpretiert. Die einzelnen Blütenblätter sind oft etwas asymmetrisch, sodass die Blüte einem Windrad ähnelt.
VERWECHSLUNG Jakobs-Kreuzkraut *(Senecio jacobaea)*, Korbblüten mit 12 – 15 Zungenblüten pro Blüte. Blätter tief fiederteilig. Giftig!

SCHAU GENAU

Auf den ersten Blick zwar ähnlich, aber schau dir die Blüten genau an: Das Jakobs-Kreuzkraut ist ein Korbblütengewächs. Außerdem färben seine Blütenblätter die Finger nicht rot.

Jakobs-Kreuzkraut

viele Staubblätter
Blütenblätter am Rand punktiert
Stängel 2-kantig, verzweigt
Die gelben Blütenblätter enthalten Hypericin und färben beim Zerreiben die Finger rot.

Bevor das Scharbockskraut blüht, kann man kleine Mengen der Blätter roh essen. Mit der Blüte steigt der Gehalt an lebertoxischem Protoanemonin, der Geschmack wird scharf und bitter – dann bitte nicht mehr essen.

Scharbockskraut

Ficaria verna, Hahnenfußgewächse

GRÖSSE: 5 – 20 cm
TYPISCH: Speckig glänzende, sternförmige gelbe Blüten
BLÜTEZEIT: März – Mai
LEBENSRAUM: Auenwälder, Obstwiesen, feuchte Wiesen und Laubwälder, Parkanlagen. Auf feuchten Böden. Häufig.
SAMMELN: Junge Blätter vor der Blüte

AUCH FEIGWURZ GENANNT Bei uns verbreitet sich das Scharbockskraut meist nur über kleine Brutknöllchen (selten über Samen), die in den Blattachseln sitzen. Sie können vom Regen weggespült werden und überwintern an der Erdoberfläche, bevor sie dann im Frühjahr auskeimen. Der wissenschaftliche Name *ficaria* kommt von *ficus* für „Feigwarze" und bezieht sich auf das Aussehen dieser Wurzelknöllchen.
VITAMIN-C-REICH Die jungen Blätter vor der Blüte galten früher als Mittel gegen die Vitamin-C-Mangelerkrankung Skorbut – Scharbock ist eine alte Bezeichnung dafür. Nach dem langen Winter, in dem es oft kein frisches, vitaminreiches Gemüse mehr gab, waren die ersten Blättchen des Scharbockskrauts die Retter in der Not.

WIRKLICH SO ÄHNLICH?

Oft wird die Haselwurz als Verwechslungsart angegeben. Im direkten Vergleich erkennst du aber, dass die Haselwurzblätter deutlich größer sind und die Blüte dunkelrot ist.

Scharbockskraut (oben) und Haselwurz (unten)

Huflattich

Tussilago farfara, Korbblütengewächse

GRÖSSE: 7 – 30 cm
TYPISCH: Blütenstiel mit schuppenartigen Blättern
BLÜTEZEIT: März – April
LEBENSRAUM: Wege, Straßenränder, Schuttplätze. Meist auf offenen, kalkhaltigen Böden. Häufig.

Die Pestwurz hat ähnliche Blätter wie der Huflattich.

BLÜTE VOR BLÄTTERN Besonders auffällig ist, dass die gelben Blüten noch vor den Blättern erscheinen. Nach dem Verblühen hängen die Köpfchen (sie „nicken"), richten sich aber zur „Pusteblume" wieder auf, sobald die Samen reif sind. Huflattich ist eine alte Heilpflanze gegen Husten. Da die Pflanze allerdings auch leberschädigende Pyrrolizidinalkaloide enthält, wird empfohlen, nicht selbst zu sammeln und alkaloidfreie Züchtungen für medizinische Zwecke zu nutzen.
VERWECHSLUNG Weiße Pestwurz (*Petasites albus*), ohne dunkle Spitzen am Blattrand. Giftig!

Kanadische Goldrute

Solidago canadensis, Korbblütengewächse

GRÖSSE: 50 – 250 cm
TYPISCH: Körbchen an ausladenden Rispen
BLÜTEZEIT: Aug – Okt
LEBENSRAUM: Zierpflanze aus Nordamerika. Oftmals verwildert und eingebürgert. Schutt- und Ödflächen, Auenwälder, Ufer.

RASANTE VERBREITUNG Bereits im 17. Jahrhundert kam die Pflanze mit dem Gartenbau nach Mitteleuropa und breitete sich bald darauf stark als Neubürgerin aus. Die Kanadische Goldrute verdrängt durch ihre Wuchseigenschaften und Konkurrenzstärke – aus einer Blüte können bis zu zehn Samen reifen – die heimische Flora. Daher wird vielerorts versucht, sie einzudämmen. Durch die späte und lange Blütezeit bietet sie jedoch Nektar und Pollen für viele Bestäuber.

Gewöhnlicher Beifuß

Artemisia vulgaris, Korbblütler

GRÖSSE: 60 – 250 cm

TYPISCH: Blattoberseite grün, Blattunterseite weiß-filzig

BLÜTEZEIT: Juli – Nov

LEBENSRAUM: Schuttplätze, Wege, Auen, Ruderalflächen. Auf etwas feuchtem Boden. Häufig.

SAMMELN: Obere Triebspitzen mit Blättern vor oder während der Blüte

WINDBESTÄUBT Die Blüten des Beifußes sind winzig klein und unscheinbar. Sie müssen aber auch gar keine Insekten anlocken, da die Pflanze über den Wind bestäubt wird. Die Pollen gehören zu den acht wichtigsten Heuschnupfenauslösern in Mitteleuropa. Die Pflanze enthält Bitterstoffe und wird bei Appetitlosigkeit, aber auch bei Verdauungsbeschwerden eingesetzt. In der Küche verwendet man Beifuß als Würzkraut für „schwere Kost“, man kann ihn aber auch frisch in kleinen Mengen in Salate mischen.

Rainfarn

Tanacetum vulgare, Korbblütler

In ökologisch betriebenen Gärten wird Rainfarn gegen Blattläuse eingesetzt. Dazu stellt man einen Aufguss her und sprüht diesen auf die Blätter.

GRÖSSE: 60 – 120 cm
TYPISCH: Zungenblüten fehlen, Körbchen halbkugelig gelb
BLÜTEZEIT: Juni – Sept
ACHTUNG: Giftig!
LEBENSRAUM: Wildkräuterbestände an Wegen, Böschungen, Ufern, Schuttplätzen. Auf nährstoffreichen Böden. Häufig.

VERTREIBT MOTTEN Die gesamte Pflanze riecht beim Zerreiben sehr intensiv. Verantwortlich dafür sind die enthaltenen ätherischen Öle, darunter auch in höheren Konzentrationen das giftige Thujon, welches beispielsweise auch im Wermut enthalten ist. Thujon kann starke Muskelkrämpfe und Herzstillstand verursachen. Bei einigen Menschen reicht es schon aus, wenn sie die Pflanze nur berühren, um eine allergische Reaktion auszulösen. Auch getrocknet riecht die Pflanze noch, darum hat man sie früher gerne zu Sträußen gebunden und im Haus oder im Wäscheschrank aufgehängt, um Ungeziefer und Kleidermotten fernzuhalten.

Wiesen-Löwenzahn

Taraxacum officinale, Korbblütengewächse

GRÖSSE: 5 – 40 cm
TYPISCH: Weißer Milchsaft
BLÜTEZEIT: April – Juli
LEBENSRAUM: Wegränder, gedüngte Wiesen, Weiden, Äcker, Parkrasen. Auf nährstoffreichem Boden. Verbreitet.
SAMMELN: Junge Blätter, Knospen, Blüten, Wurzel

PUSTEBLUME Der Blütenstand besteht aus 200 bis 300 gelben Einzelblüten, die sich von außen nach innen ringförmig öffnen. Nachts, bei Regen oder großer Trockenheit schließen sich die Blüten. Nach dem Verblühen öffnen sich die Hüllblätter ein letztes Mal und die bekannte Pusteblume ist zu sehen. Die kleinen Schirmchen können vom Wind bis zu 10 km weit fortgetragen werden. Für einen guten Flugstart wächst der Stängel immer weiter in die Höhe.

REGT DIE NIERENFUNKTION AN Die ganze Löwenzahnpflanze enthält gesunde Bitterstoffe, die die Bildung von Magen- und Gallensäften anregen. In Frankreich wird die Pflanze aufgrund ihrer harntreibenden und entwässernden Wirkung auch „pis en lit" („Bettnässer") genannt.

Leckeres Wiesenbrot

LÖWENZAHN-KAPERN

Die jungen Löwenzahnknospen können als Kapernersatz in Essig eingelegt werden. Am besten schmecken sie, wenn die Knospen noch ganz dicht unten in der Blattrosette sitzen.

Wer kennt ihn nicht, den Löwenzahn? Oder sollte ich Pusteblume sagen? Eigentlich muss ich ja gar nicht erklären, wie diese Pflanze aussieht. ☺

Kopf aus

Ein Waldspaziergang entspannt immer wieder.

NATUR

Meine Inspiration

DIE NATUR SCHAFFT es immer wieder, mich aufs Neue zu faszinieren mit ihren Farben, ihrer Vielfalt und ihrer Ruhe. Ein Spaziergang durch den Wald lässt mich entschleunigen und ein Blick auf die satten Sommerwiesen zaubert mir jedes Mal ein Lächeln ins Gesicht.

Frühling! Es fühlt sich so gut an zu beobachten, wie die Natur nach dem Winter wieder erwacht.

Die Schönheit liegt im Detail: Ist es nicht faszinierend, welche filigranen Strukturen sich die Natur „ausdenkt"?

Herrlich – die Vielfalt in den Sommerwiesen. Ich könnte ewig Insekten beobachten.

Geschenke der Natur: Beim Sammeln genieße ich die Zeit im Grünen.

Wiesen-Schaumkraut

Cardamine pratensis, Kreuzblütengewächse

GRÖSSE: 10 – 60 cm
TYPISCH: Gefiederte Blätter in Blattrosette am Boden, zartlilafarbene Blüten aus 4 Blütenblättern
BLÜTEZEIT: April – Juni
LEBENSRAUM: Feuchte Wiesen, Ufer, Moorwiesen, Auwälder. Verbreitet.
SAMMELN: Blätter und Blüten

Früher gab es üppige Bestände, heute ist der Lebensraum und damit die Pflanze durch Überdüngung eher selten geworden.

ZARTLILA BLÜTENMEER Wiesenschaumkraut gehört zu den Kreuzblütengewächsen. Das erkennst du an den vier nicht miteinander verwachsenen, kreuzweise stehenden Blütenblättern. Auch typisch für Kreuzblütler: Sie enthalten antibakteriell wirkende Senfölglykoside, die ziemlich scharf schmecken. Schaumkräuter werden wegen ihres scharfen Geschmacks auch „Wilde Kresse" genannt. Größere Mengen können reizend auf die Magenschleimhaut wirken, in kleineren Mengen sind Blüten und Blätter lecker in Salat oder Kräuterquark.

Wilde Karde

Dipsacus fullonum, Geißblattgewächse

GRÖSSE: 70 – 200 cm
TYPISCH: Blätter sind mit dem Stängel verwachsen, Blüten öffnen sich zuerst in der Mitte des Blütenstandes
BLÜTEZEIT: Juli – Aug
LEBENSRAUM: Wegränder, Ufer, Schutt- und Brachflächen. Häufig.

Die Blätter bilden am Stängel eine Art Gefäß, in dem sich Wasser sammelt.

TANKSTELLE FÜR TIERE Selbst im Winter kann man diese Pflanze noch gut bestimmen. Die getrockneten Fruchtstände bleiben lange erhalten und wurden früher zum Aufrauen von Wollgewebe verwendet. Ganz in der Nähe dieser vertrockneten Fruchtstände finden sich im Frühjahr Blattrosetten der neuen Pflanzen. Der wissenschaftliche Name *Dipsacus* leitet sich vom griechischen *dipsa* für „Durst" ab. An den mit dem Stängel verwachsenen Blättern sammelt sich Wasser, hier können Tiere ihren Durst stillen.

Gamander-Ehrenpreis

Veronica chamaedrys, Wegerichgewächse

GRÖSSE: 15 – 40 cm
TYPISCH: Stängel mit zwei Haarreihen
BLÜTEZEIT: Mai – Juli
LEBENSRAUM: Hecken, Wiesen, Gebüsch- und Wegränder, lichte und trockene Wälder. Auf meist nährstoffreichen Böden. Verbreitet.

Der Stängel ist zweireihig behaart.

ZEIGT DEN WEG ZUM NEKTAR Das Blau der Blüten steht in einem starken Kontrast zum weißen Blütenschlund, der auch als Saftmal bezeichnet wird. Solche Farbunterschiede markieren den Insekten den Weg zum Nektar.

GEWITTER Im Volksglauben galt der Gamander-Ehrenpreis, wie viele andere blau blühende Pflanzen auch, als Gewitterblume. Man glaubte, dass man mit dem Pflücken der Blume starken Regen, ein Unwetter oder gar ein Gewitter herbeibeschwören könnte.

Gewöhnlicher Feldsalat

Valerianella locusta, Geißblattgewächse

GRÖSSE: 5 – 15 cm
TYPISCH: Kleine Blüten in kopfigen Gruppen
BLÜTEZEIT: April – Mai
LEBENSRAUM: Äcker, Wegränder, Wiesen, Weinberge. Auf frischen, sandig bis lehmigen Böden. Häufig.
SAMMELN: Blätter, Blüten, Samen, Stängel, Wurzel

Die Blattrosette hat spatelförmige Blätter und ist gut als Feldsalat, wie man ihn kennt, zu identifizieren.

KLEIN ABER OHO Im Frühling, wenn alles anfängt zu blühen, kann dieses zarte Pflänzlein schon mal übersehen werden. Die Blüten sind winzig – gerade mal bis 3 mm groß – doch es lohnt sich, nach dieser Pflanze Ausschau zu halten. Rapunzel, wie der Feldsalat übrigens auch genannt wird, enthält viel mehr Vitamin C als die meisten anderen Blattsalate und hat einen leckeren, nussigen Geschmack.
VERWECHSLUNG Vergissmeinnicht *(Myosotis spec.)*, Blüten deutlich größer und mit gelbem Ring.

Blüten erst rosa,
dann blau
Pflanze überall
abstehend behaart
Blätter gefleckt

Echtes Lungenkraut

Pulmonaria officinalis, Raublattgewächse

GRÖSSE: 10 – 40 cm
TYPISCH: Blüten trichterförmig, zuerst rosa, später blau
BLÜTEZEIT: März – Mai
LEBENSRAUM: Wälder, Waldränder. Auf nährstoffreichen, oft halkhaltigen, humosen Böden. Zerstreut.

CHAMÄLEON UNTER DEN PFLANZEN Durch die Veränderung des Säuregehalts im Zellsaft kommt es zu einem Farbwechsel der Blüten. Zu Beginn sind die Blüten rot-purpurn, nach 3 – 4 Tagen wechselt die Farbe zu violett bzw. blau. Die frischen rot-purpurnen Blüten sind reich an Nektar, die violetten sind schon leer. Durch den Farbwechsel wird den Bestäubern signalisiert, bei welcher Blüte sich ein Besuch überhaupt noch lohnt.
GUT FÜR DIE LUNGE? Lungenkraut wurde früher zur Behandlung von Lungenkrankheiten wie Tuberkulose verwendet. Auch der wissenschaftliche Name *pulmonaria* vom lateinischen *pulmo* für „Lunge" weißt auf diese Verwendung hin. Die Wirkung konnte jedoch nicht wissenschaftlich nachgewiesen werden.
VERWECHSLUNG Dunkles Lungenkraut *(Pulmonaria obscura)*, Blätter ohne weiße Flecken.

Dunkles Lungenkraut

ZWEI FARBEN

Bei Lungenkräutern kommen oft beide verschiedenen Blütenfarben gleichzeitig an einer Pflanze vor, darum werden sie auch „Hänsel und Gretel" oder „Brüderchen und Schwesterchen" genannt.

Acker-Vergissmeinnicht

Myosotis arvensis, Raublattgewächse

Blätter und Stängel sind deutlich behaart.

GRÖSSE: 10 – 40 cm
TYPISCH: 3 – 5 mm große, hellblaue Blüten mit gelbem Ring in der Blütenmitte
BLÜTEZEIT: April – Sept
LEBENSRAUM: Äcker, Schuttplätze, Ödflächen, Gärten. Auf nährstoffreichen Lehmböden. Häufig.

PFLANZE FÜR VERLIEBTE Nach einem alten Brauch aus dem 15. Jahrhundert schenkten sich Verliebte zum Abschied ein Vergissmeinnicht-Sträußchen. Auch andere Sprachen haben ähnliche Namen für diese Pflanze, so heißt sie im Englischen ebenfalls „forget-me-not" und auf Italienisch „non-ti-scordar-di-mé". Es gibt bei uns verschiedene Arten von Vergissmeinnicht, neben dem Acker- auch z. B. das Sumpf-, das Wald- oder das Sand-Vergissmeinnicht. Alle erkennst du an ihren blauen Blütenblättern mit dem gelben Kreis in der Mitte.

Borretsch

Borago officinalis, Raublattgewächse

GRÖSSE: 50 – 80 cm
TYPISCH: Nickende Blüten mit 5 Blütenblättern
BLÜTEZEIT: Mai – Sept
LEBENSRAUM: Schuttplätze, Brachfelder. Auf nährstoffreichen, durchlässigen Böden. Zerstreut.
SAMMELN: Blüten

HEILENDES ÖL

Das Öl aus den Samen enthält keine Pyrrolizidinalkaloide und wird in der Naturheilkunde bei neurodermitischer und entzündeter Haut eingesetzt.

GURKENKRAUT Das Raublattgewächs enthält wie auch seine Verwandten Natternkopf (Seite 105) und Beinwell (Seite 52) leberschädigende Pyrrolizidinalkaloide. Daher sollten von diesen Pflanzen grundsätzlich nur kleine Mengen verzehrt werden. Die hübschen Blüten kann man aber durchaus als essbare Deko verwenden. Der Geschmack erinnert an Gurke, weshalb Borretsch auch Gurkenkraut genannt wird.

Gewöhnliche Wegwarte

Cichorium intybus, Korbblütler

GRÖSSE: 30 – 150 cm
TYPISCH: Blaue Zungenblüten mit 5 Zähnchen
BLÜTEZEIT: Juli – Okt
LEBENSRAUM: Schuttplätze, Weg- und Straßenränder, Ödflächen, Bahndämme. Auf offenen, trockenen Böden. Verbreitet.
SAMMELN: Blüten, Blätter, Wurzel

Die Wegwarte gilt als Sinnbild der treuen Liebe, die allerdings oft mit vergeblichem Warten verbunden ist.

SCHAUT ZUR SONNE Die Blütenkörbchen öffnen sich schon sehr früh morgens und schließen sich wieder um die Mittagszeit. Dabei sind sie immer der Sonne zugewandt und daher wird die Pflanze auch Sonnenbraut genannt. Die Wurzel der Wegwarte kann man rösten und als Kaffeeersatz (Zichorienkaffee) verwenden. Die bitteren Blüten und Blätter mischt man unter den Salat. Chicorée und Radicchio sind Kulturformen der Wegwarte und haben deren bitteren Geschmack behalten.

Kornblume

Centaurea cyanus, Korbblütler

GRÖSSE: 30 – 60 cm
TYPISCH: Leuchtend blaue Blüten, äußere Röhrenblüten vergrößert
BLÜTEZEIT: Juni – Okt
LEBENSRAUM: Schuttplätze, Ödland. Auf nicht zu feuchten, kalkarmen und leicht sauren Böden. Zerstreut.
SAMMELN: Blütenblätter

Die Blüten am Rand des Körbchens sind vergrößert und machen die Blüte so auffälliger für Insekten.

FRÜHER ACKERUNKRAUT Noch vor 50 Jahren war die Kornblume in jedem Getreidefeld zu finden, woher übrigens auch der deutsche Name stammt. Durch die intensive Unkrautbekämpfung wird die Kornblume seither immer seltener. Das intensive Blau der Blüten entsteht durch Anthocyane. Die Farbe bleibt auch getrocknet erhalten, weshalb die Blütenblätter der Kornblume gerne als sogenannte „Schmuckdroge“ in Tees verwendet werden – das sieht einfach hübsch aus.

Blütenessig herstellen

BLÜTENESSIG IST EINE wunderbare Geschenkidee und kann fast das ganze Jahr über hergestellt werden. Je intensiver die Blütenfarbe, desto intensiver ist auch später der Essig in seiner Farbe. Kräftige Farben ergeben beispielsweise die Blüten von März-Veilchen, Wiesen-Salbei oder Wilder Malve. Deiner Kreativität sind eigentlich keine Grenzen gesetzt, du musst nur beachten, dass die Pflanze nicht giftig ist. Ansonsten: Probier´s aus.

Je dunkler die Blüten, desto dunkler wird auch der Blütenessig.

Ein Blütenessig mit Veilchen bekommt später eine herrliche Farbe!

Blütenessig gibt Salatdressings eine wunderbare Note.

DAS BRAUCHST DU:

- ☑ 1 Handvoll frische Blütenblätter
- ☑ 250 ml Weißweinessig
- ☑ 1 saubere Flasche zum Abfüllen

UND SO GEHT'S:

– Für eine kräftige Farbe verwendest du nur die farbigen Blütenblätter der ausgewählten Pflanze. Diese zupfst du ab und gibst sie in ein sauberes Gefäß.

– Nun werden die Blüten mit einem milden Essig übergossen und das Gefäß verschlossen. Alle Pflanzenteile sollten im Essig liegen, damit sich kein Schimmel bilden kann.

– Lagere deinen Blütenessig an einem dunklen, warmen Ort und schwenke ihn einmal täglich durch.

– Wenn die Blüten ihre Farbe verloren haben, was nach etwa 1–2 Wochen der Fall ist, kannst du diese durch ein feines Tuch absieben und den fertigen Essig in eine neue Flasche umfüllen.

– Fertig ist dein Blütenessig zum Verschenken und Genießen.

Wiesen-Witwenblume

Knautia arvensis, Geißblattgewächse

Die Blüten haben 4 Zipfel, sie sind also im Vergleich zur denen der Tauben-Skabiose mit ihren 5 Zipfeln „verwitwet“.

GRÖSSE: 30 – 80 cm
TYPISCH: Blüten haben nur vier Kronzipfel
BLÜTEZEIT: Juli – Aug
LEBENSRAUM: Wiesen, Weg- und Waldränder. Häufig.

SCHMETTERLINGSMAGNET Sie ist eine der wichtigsten Nektarquellen auf Wiesen, denn die kurzen Röhrenblüten ermöglichen es auch Insekten mit kurzen Rüsseln, an den Nektar zu gelangen. Besonders für Schmetterlinge ist die Wiesen-Witwenblume von großer Bedeutung. 56 Tagfalter-Arten konnten in Mitteleuropa als Besucher der Blüte beobachtet werden.
VERWECHSLUNG Tauben-Skabiose *(Scabiosa columbaria)*, Blüten mit fünf Kronzipfeln, dunkle Kelchborsten (gut erkennbar an der Unterseite der Blüte, siehe Foto rechts).

Mauer-Zimbelkraut

Cymbalaria muralis, Wegerichgewächse

GRÖSSE: 10 – 40 cm
TYPISCH: Pflanze wächst meist an Mauern entlang
BLÜTEZEIT: Juni – Sept
LEBENSRAUM: Meist an senkrechten Mauern, Felsen. Häufig.
SAMMELN: Blüten, Blätter

CLEVERE ÜBERLEBENSTAKTIK Um die Verbreitung sicherzustellen, springt die Fruchtkapsel auf und schleudert die Samen in die Umgebung. Ein bis zwei Samen bleiben jedoch fest mit der Kapsel verbunden. Der Fruchtstiel wächst dann weg vom Licht (man spricht von „negativ phototrop“) zurück in eine feuchte Mauerspalte, wo die Samen einen optimalen Ort zum Keimen finden.

SCHARF

Das Zimbelkraut schmeckt scharf und erinnert an Kresse. Man kann Blätter und Blüten für Kräuterquarks verwenden.

Wohlriechendes Veilchen, Duft-Veilchen, März-Veilchen

Viola odorata, Veilchengewächse

GRÖSSE: 5 – 10 cm
TYPISCH: Blüten blauviolett, duftend, Blätter grundständig
BLÜTEZEIT: März – April
LEBENSRAUM: Waldränder, Parks, Gärten, Gebüsche, Friedhöfe. Meist in Siedlungsnähe.
SAMMELN: Blüten, Blätter, Wurzel

WOHLRIECHEND Es gibt ca. 650 Veilchenarten, das Duft-Veilchen zählt zu den bekanntesten. Man kann es leicht mit anderen Veilchenarten verwechseln, doch es blüht bereits im März und somit etwas früher als die meisten anderen Arten. Außerdem ist es das einzige, das diesen besonderen, zarten Veilchenduft verströmt. Seit dem 19. Jahrhundert kann dieser Duft künstlich hergestellt werden und findet sich in Seifen, Parfums und Kosmetika.
BELIEBTES SCHMANKERL Kaiserin Elisabeth („Sisi“) von Österreich hatte eine besondere Vorliebe für Veilchensorbet und kandierte Veilchenblüten. Als essbare Dekoration können sie für Süßspeisen oder zum Aromatisieren von Essig, Zucker oder Salz verwendet werden.

Veilchen-Bärlauch-Salz

ECHT DUFTE

Veilchen mit Salz gemörsert ergeben eine tolle Farbe! Ich schichte das violette Salz abwechselnd mit grünem Bärlauchsalz und reinem Salz in ein Glas und habe so ruck zuck ein feines Mitbringsel.

Viele Veilchenarten sind sich sehr ähnlich. Aber wenn du an den Blüten riechst, wirst du ganz schnell erkennen, welches das Duft-Veilchen ist.
Duft-Veilchen
2 Blattschüppchen oberhalb der Stielmitte
Wald-Veilchen
Blätter auch am Stiel

Echtes Eisenkraut

Verbena officinalis, Eisenkrautgewächse

GRÖSSE: 30 – 100 cm
TYPISCH: Lange, schlanke Ähren mit winzigen blasslila Blüten
BLÜTEZEIT: Juli – Sept
LEBENSRAUM: Wegränder, Schuttplätze, Mauern. Mäßig trockene bis feuchte Böden. Stickstoffzeiger. Verbreitet.

ZUR STAHLHÄRTUNG EINGESETZT Eisenkraut wurde im Mittelalter für die Stahlhärtung eingesetzt. Dank des in der Pflanze enthaltenen Kohlenstoffs war das sogar möglich – es hätte aber auch mit jeder anderen Pflanze funktioniert. Eisenkraut galt im Altertum als Kult- und Heilpflanze und genoss großes Ansehen. So wurde es bei Opferzeremonien eingesetzt oder zur Reinigung von Altären verwendet. Man glaubte, dass Kämpfer, die das Kraut bei sich trugen, vor Schüssen, Hieben und Stichen geschützt seien.

Gewöhnlicher Natternkopf

Echium vulgare, Raublattgewächse

GRÖSSE: 25 – 100 cm
TYPISCH: Staubblätter ragen auffallend weit aus Blüte heraus
BLÜTEZEIT: Mai – Sept
ACHTUNG: Giftig!
LEBENSRAUM: Wege, Häfen, Schuttflächen, Bahngelände, Felsen. Verbreitet.

Gemäß der Signaturenlehre wurde Natternkopf früher gegen Schlangenbisse eingesetzt. Ob das geholfen hat?

FARBWECHSEL Schau dir bei der Pflanze einmal genau die Griffel an: Sie sind zweiteilig gespalten und sehen aus wie eine Schlangenzunge. Auch die Blüten erinnern etwas an einen Schlangenkopf, daher also der Name. Frisch geöffnet sind die Blüten zuerst rosa und männlich, enthalten dann besonders viel Nektar und locken Hummeln, Bienen und Nachtfalter an. Durch eine pH-Wert-Änderung wechselt dann die Blütenfarbe: Die rosa Blüte verfärbt sich schon im Laufe des ersten Blühtages zu Blau und wird weiblich. Am dritten Tag sind die Blüten bereits welk.

Ganz klar: Gundermann
ist immer ein toller Fund!
Ich mag seine aromatische
Würze und schätze
seine Heilkraft auf den
Magen-Darm-Trakt.

Gewöhnlicher Gundermann

Glechoma hederacea, Lippenblütengewächse

GRÖSSE: 10 – 40 cm
TYPISCH: Kriechende Pflanze, pro Blattachseln 2 – 3 Blüten
BLÜTEZEIT: April – Juni
LEBENSRAUM: Wiesen, Rasenflächen, Waldränder, Auenwälder. Nährstoffreiche, lockere Lehmböden. Verbreitet.
SAMMELN: Blätter, Blüten, obere Triebspitzen

SUCHE NACH NÄHRSTOFFEN Im Frühjahr, wenn die Pflanze zu sprießen beginnt, bildet sie lange Ausläufer. Diese verzweigen sich und in unregelmäßigen Abständen werden neue Wurzeln gebildet. An nährstoffreichen Stellen werden dabei kurze Abschnitte und an nährstoffarmen Standorten lange Abschnitte gebildet. So kann die Pflanze das Nährstoffangebot der Umgebung optimal nutzen.
AROMATISCHE WÜRZE Die Gundelrebe enthält, typisch für Lippenblütler, ätherisches Öl und wird als aromatische Würzpflanze sparsam verwendet. Als eines der Frühjahrskräuter passt sie zusammen mit Brennnessel, Gänseblümchen und Löwenzahn in Kräutersuppen oder auch als exotische Komponente in Schokolade. Als Heilpflanze wird das Kraut bei Durchfall, Magenbeschwerden oder Appetitlosigkeit eingesetzt.

Der Gundermann wird auch Gundelrebe genannt.

ERKENNUNGSMERKMALE

Typisch Gundermann: Die blauen Lippenblüten haben eine deutliche Oberlippe, der Stängel ist vierkantig, die herz- bis nierenförmigen Blätter sind am Rand gekerbt und stehen gekeuzt gegenständig am Stängel.

Kriechender Günsel

Ajuga reptans, Lippenblütengewächse

GRÖSSE: 7 – 30 cm
TYPISCH: Oberlippe der Blüten sehr kurz, bildet Ausläufer
BLÜTEZEIT: April – Aug
LEBENSRAUM: Wiesen, Rasenflächen, Gebüsch, Wälder. Oft in Gruppen. Verbreitet.
SAMMELN: Blätter, Blüten

GEFRIERSCHUTZ Die Blüten des kriechenden Günsels sind teilweise schon im April zu entdecken, wenn es nachts noch Frost gibt. Um keinen Schaden davonzutragen, bildet die Pflanze eine Art Frostschutz – dieser besteht aus kurzkettigen Zuckermolekülen. Durch den höheren Zuckergehalt gefriert die Zellflüssigkeit nicht so schnell. Meist verbreitet sich die Pflanze durch Ausläufer, daher wird sie auch als kriechend bezeichnet. Günsel enthält Bitterstoffe und wurde in der Volksheilkunde äußerlich zur Wundheilung verwendet.
VERWECHSLUNG Gundelrebe *(Glechoma hederacea)*, weniger Blüten und Blätter pro Pflanze, Blattrand gekerbt, erkennbare Oberlippe.

Kleine Braunelle

Prunella vulgaris, Lippenblütengewächse

GRÖSSE: 5 – 30 cm
TYPISCH: Blütenstand kopfig aussehend, zwei Blätter sitzen direkt unter dem Blütenstand
BLÜTEZEIT: Juni – Sept
LEBENSRAUM: Wiesen, Parks, Gartenrasen, Waldwege, Ufer. Etwas feuchte, helle Standorte. Nährstoffzeiger. Verbreitet.
SAMMELN: Blütenköpfe, Blätter

Bei der Großen Braunelle hat das obere Blattpaar einen deutlichen Abstand zum Blütenstand.

IM KURZEN GRAS ZU FINDEN Im Freibad im kurzen Gras entdecke ich diese Pflanze oft und sie bedeutet für mich einfach Sommer! Der deutsche Name Braunelle kommt daher, dass die Pflanze, bevor es Antibiotika gab, bei Halsentzündungen und Halsbräune eingesetzt wurde. Halsbräune ist eine alte Bezeichnung für Diphtherie.

VERWECHSLUNG Große Braunelle *(Prunella grandiflora)*. Blüten 2 – 2,5 cm groß, oberstes Blattpaar ist abgerückt vom Blütenkopf.

Wiesen-Salbei

Salvia pratensis, Lippenblütengewächse

GRÖSSE: 30 – 60 cm
TYPISCH: Oberlippe sichelförmig
BLÜTEZEIT: Mai – Aug
LEBENSRAUM: Halbtrockenrasen, Magerrasen, Fettwiesen, Wege, Böschungen. Auf trockenen, kalkhaltigen Böden. Häufig.
SAMMELN: Blüten, Blätter

KLAPPMECHANISMUS Besonders schwerere Insekten wie Hummeln lösen beim Wiesen-Salbei einen Klappmechanismus aus. Wenn sie ihren Rüssel auf der Suche nach Nektar in die Blüte stecken, klappen die beiden Staubblätter an einem Gelenk nach unten und bepudern den Rücken des Bestäubers mit Blütenstaub. Wenn das Insekt zur nächsten Blüte weiterfliegt, streift es dort den Pollen an der Narbe ab und die Pflanze wird bestäubt.
VERWANDT MIT GARTEN-SALBEI Wie der Garten-Salbei (*Salvia officinalis*) enthält auch der Wiesen-Salbei ätherisches Öl und schmeckt recht ähnlich, jedoch weniger intensiv. Salbei wirkt entzündungshemmend, zusammenziehend, krampflösend und blutstillend und kann bei Zahnfleisch- und Rachenentzündungen als Mundspülung verwendet werden.

Klappmechanismus der Salbeiblüte

PROBIERE ES AUS

Mit einem Grashalm kannst du den Klappmechanismus einfach selbst auslösen: Schiebe den Halm vorsichtig in die Blüte und die Staubblätter klappen nach unten.

Oberlippe
sichelförmig
bis zu 20 Quirle
mit je 4 – 8 Blüten
4-kantiger Stängel

Pflanzen am Blatt erkennen

WIE KANN MAN PFLANZEN bestimmen, wenn sie gerade nicht blühen? Viele Arten haben sehr charakteristische Blätter, an denen man sie auch ohne Blüte gut erkennen kann. Oft schmecken essbare Wildkräuter sogar besser, bevor sie blühen – da macht es besonders viel Sinn, sie an den Blättern erkennen zu können. Versuche mal, ob du diese Arten am Blatt erkennen kannst:

- ☑ Weiche Blätter, die auch als „Wanderers Klopapier" bekannt sind.
- ☑ Dunkle Zähnchen am Blattrand.
- ☑ Blattunterseite ist hell bemehlt.

Auflösung S. 80

- ☑ Wird auch „Augenbraue der Venus" genannt.
- ☑ Der wissenschaftliche Beiname *millefolium* bedeutet übersetzt „tausend Blättchen".

Auflösung S. 37

- Eselsbrücke: 3, 3 und 3, bist beim ??? dabei!
- Das Blatt ist in drei Blattgruppen unterteilt, die wiederum je drei Blätter haben und auch der Stiel ist dreikantig.

Auflösung S. 30

- Wird auch als „Fußstapfen des weißen Mannes“ bezeichnet.
- Langer Stiel, breites Blatt mit parallelen Nerven.
- Ein Blatt unter die Fußsohle gelegt, erfrischt die Füße auf Wanderungen.

Auflösung S. 117

Oberseite dunkelgrün
Fiederblättchen eiförmig,
Rand grob gesägt
unpaarig gefiederte Blätter
Stängel rötlich überlaufen

Kleiner Wiesenknopf

Sanguisorba minor, Rosengewächse

GRÖSSE: 15 – 40 cm
TYPISCH: Kugelige bis eiförmige Köpfchen. Blattstängel meist rot überlaufen
BLÜTEZEIT: Mai – Aug
LEBENSRAUM: Magerrasen, Wegränder, trockene Wiesen, Böschungen. Pionierpflanze auf mageren, kalkhaltigen Böden. Verbreitet.
SAMMELN: Junge Blätter, Wurzel

WINDBESTÄUBT Haben Pflanzen eher unscheinbare Blüten wie der Kleine Wiesenknopf, kann man davon ausgehen, dass diese Pflanzen nicht von Insekten, sondern vom Wind bestäubt werden. Auch hier ist das so, und trotzdem sieht man immer wieder Bienen an den Blüten, denn es gibt ja trotzdem Pollen zu sammeln.
ESSBARES WILDKRAUT Die Blättchen ähneln geschmacklich reifem Spinat, sind aber etwas würziger. Am besten du probiert sie vorher roh, ob dir der Geschmack gefällt. Damit sie ihr Aroma behalten, gibt man die Blätter erst kurz vor Ende der Garzeit in Gemüsegerichte oder Suppen. Auch die Wurzel ist essbar. Sie kann vom Herbst bis in den Frühling hinein, bevor die Pflanze blüht, geerntet und als Gemüse verarbeitet werden.

Der Kleine Wiesenknopf hat eher unscheinbare Blüten.

VERWECHSLUNGSGEFAHR

Den Kleinen Wiesenknopf nennt man auch „Bibinelle" oder „Pimpinelle". Dieser Name wird auch für eine Gruppe von Doldenblütlern (Pimpinela spec.) verwendet, die aber mit der Pflanze hier nichts zu tun hat.

Gefleckter Aronstab

Arum maculatum, Aronstabgewächse

GRÖSSE: 15 – 40 cm
TYPISCH: Auffälliges, tütenförmiges Hüllblatt
BLÜTEZEIT: April – Juni
ACHTUNG: Giftig!
LEBENSRAUM: Laub- und Auenwälder, Hecken. Auf etwas feuchten, nährstoffreichen Böden im Schatten. Häufig.

Die giftigen, roten Beeren erscheinen spät im Sommer.

KESSELFALLE Der Aronstab hat eine raffinierte Methode entwickelt, um seine Bestäubung zu sichern: Am Abend entfaltet sich das Hüllblatt und der braune Kolben verströmt einen unangenehmen Geruch, der v. a. Schmetterlingsmücken anlockt. Sie rutschen in die Blüte und bestäuben dabei die weiblichen Blüten. Sog. Räusenhaare halten die Mücken in der Nacht in der Falle gefangen. Am nächsten Morgen welkt die Falle und die Mücken können wieder herausklettern. Dabei bleibt Pollen von den männlichen Blüten an ihnen haften und sie bestäuben damit die nächste Pflanze.

Breitwegerich

Plantago major, Wegerichgewächse

GRÖSSE: 5–40 cm
TYPISCH: Lange Blütenähren auf blattlosem Stängel
BLÜTEZEIT: Juni–Okt
LEBENSRAUM: Wegränder, Rasen, Ufer, Plätze. Pionierpflanze. Verbreitet.
SAMMELN: Blätter, Blütenstiele, Samen, Wurzel

MACHT MÜDE FÜSSE WIEDER MUNTER Tun die Füße von einer langen Wanderung weh, lege ein Breitwegerichblatt als Sohle in den Schuh. Das erfrischt und hilft, Blasen vorzubeugen. Aber damit nicht genug: Die enthaltenen Bitter- und Gerbstoffe wirken entzündungshemmend und fördern die Wundheilung. Außerdem sind Breitwegerichsamen die heimische Variante der indischen Flohsamen und unterstützen durch die enthaltenen Ballaststoffe deine Darmgesundheit und liefern viel Eiweiß.
VERWECHSLUNG Mittlerer Wegerich *(Plantago media)*, Blattrosette liegt dicht am Boden an. Blüten mit violetten Staubfäden.

Spitzwegerich

Plantago lanceolata, Wegerichgewächse

GRÖSSE: 5 – 50 cm
TYPISCH: Lanzettartige Blätter, Längsnerven gut erkennbar. Blüten mit langen Staubfäden
BLÜTEZEIT: Mai – Sept
LEBENSRAUM: Wegränder, Weiden, Wiesen. Meist auf tiefgründigem Boden. Verbreitet.
SAMMELN: Junge Blätter, Blütenknospen, Blüten, Samen

Blüten mit langen Staubblättern

SEIT DER ANTIKE BEKANNT Spitzwegerich wurde bereits in der Antike bei Blutflüssen und Wunden verwendet und auch heute wird die Pflanze noch häufig genutzt. Beispielsweise lässt sich aus Spitzwegerichblättern und Honig schnell ein Hustensaft zaubern. Gerbstoffe wirken adstringierend (zusammenziehend) und helfen bei Entzündungen im Mund- und Rachenraum, während die enthaltenen Schleimstoffe die Schleimhaut beruhigen. Bekannt ist der Spitzwegerich auch als „Wiesenpflaster", das bei Insektenstichen Linderung bringt. Dafür einfach ein Blatt zerdrücken und auf den Stich reiben.

VERWENDUNG IN DER KÜCHE Die jungen, noch geschlossenen Blütenknospen des Spitzwegerichs schmecken nach Champignon und können roh genascht oder mit etwas Öl angebraten werden. Die Blätter enthalten Vitamin C, Kieselsäure und Flavonoide und können ebenfalls roh verwendet werden. Man sollte pro Tag jedoch nur wenig Blätter verzehren, da die Inhaltsstoffe nicht nur bitter sind, sondern auch eine recht starke Wirkung haben.

VERWECHSLUNG Breitwegerich *(Plantago major)* und Mittlerer Wegerich *(Plantago media)*, Blätter bei beiden Pflanzen breiter. Es ist aber nicht schlimm, falls du sie mal verwechselst, denn keine der beiden anderen Arten ist giftig, ihre Inhaltsstoffe sind sogar recht ähnlich.

Breitwegerich
langer Blattstiel,
langer Blütenstand
Mittlerer Wegerich
kurzer Blattstiel,
violette Staubfäden
Spitzwegerich
lanzettartige Blätter,
kurzer Blütenstand

männliche Brennnessel
mit abstehenden
Blütenrispen
ganze Pflanze
mit Brennhaaren
Blätter
gegenständig,
Rand gesägt

weibliche Brennnessel
mit hängenden
Blütenrispen

Große Brennnessel

Urtica dioica, Brennnesselgewächse

GRÖSSE: 30 – 150 cm
TYPISCH: Blätter mit Brennhaaren, Stängel 4-kantig mit Brennhaaren
BLÜTEZEIT: Juni – Sept
LEBENSRAUM: Weg- und Waldränder, Gärten, lichte Laubwälder. Auf nährstoffreichen Böden. Verbreitet.
SAMMELN: Obere Triebspitzen, Blätter, Samenstände

BRENZLIGE ANGELEGENHEIT Filigrane Brennhaare sitzen an der ganzen Pflanze. Die Spitze der Brennhaare ist durch eine winzige Kugel verschlossen, die bei der geringsten Berührung abbricht. Jetzt kann der Inhalt wie durch eine Art Kanüle unter die Haut gespritzt werden. Die Wirkung kennt jeder: ein brennender Schmerz und Hautausschlag.
NÜTZLICH UND LECKER Als leckeres Wildgemüse macht sich die Brennnessel sehr gut, denn sie enthält zahlreiche wertvolle Inhaltsstoffe und ist eine gute Quelle für pflanzliches Eisen. Zudem punktet sie mit 30-mal so viel Vitamin C wie Kopfsalat. Die unreifen, grünen Samen sind proteinreich und ölhaltig. Sammeln kannst du sie nur an weiblichen Exemplaren – nur sie bilden Samen aus. Auch das Haar bringt die Brennnessel zum Leuchten: Brennnessel-Wasser soll die Haare dichter wachsen lassen und für einen schönen Glanz sorgen.

MÄNNLEIN UND WEIBLEIN

Bei der Brennnessel gibt es männliche und weibliche Pflanzen, die man gut an den Blütenständen unterscheiden kann: Die weiblichen hängen nach unten, die männlichen stehen waagerecht ab.

Stinkende Nieswurz

Helleborus foetidus, Hahnenfußgewächse

GRÖSSE: 30 – 80 cm
TYPISCH: Rand der grünen Blüten meist dunkelrot
BLÜTEZEIT: Feb – Mai
ACHTUNG: Geschützt. Giftig!
LEBENSRAUM: Lichte Buchen- und Eichenwälder, trockene Abhänge. Zerstreut.

LÖST NIESREIZ AUS Der Name Nieswurz kommt daher, dass ein Pulver aus den unterirdischen Pflanzenteilen Niesreiz auslöst. Oberirdisch lässt sich gut erkennen, dass Blütenblätter aus Laubblättern entstanden sind: Stufenweise nehmen die Blätter der Pflanze nach oben hin immer mehr die Form von Blütenblättern an.
VERWECHSLUNG Die Christrose *(Helleborus niger)*, die auch im Winter blüht, ist eine nahe Verwandte der Stinkenden Nieswurz – daher sehen sie sich auch so ähnlich. Giftig!

Acker-Schachtelhalm

Equisetum arvense, Schachtelhalmgewächse

GRÖSSE: 5 – 50 cm
TYPISCH: Stockwerkartiger Aufbau, Stängelglieder erscheinen „ineinander geschachtelt"
BLÜTEZEIT: März – April
LEBENSRAUM: Wege, Ufer, Äcker.
Auf feuchten, nährstoffreichen Böden. Häufig.
SAMMELN: Kraut

ENTHÄLT VIEL KIESELSÄURE Früher wurde das Kraut verwendet, um Zinn zu polieren, daher ist es auch als Zinnkraut bekannt. Die Pflanze enthält bis zu zehn Prozent Kieselsäure, fördert damit die Resistenz des Bindegewebes und führt zu einer Steigerung des Hautstoffwechsels. Schachtelhalme gibt es schon seit über 400 Millionen Jahren – damals erreichten sie aber eine Höhe bis zu 30 Metern.

VERWECHSLUNG Sumpf-Schachtelhalm *(Equisetum palustre)*, erstes Segment der Seitentriebe kürzer als Segment des Haupttriebes, Zähne am Haupttrieb fein weiß umrandet, rötliche Ansätze an den Seitentrieben. Giftig!

Gewöhnlicher Efeu

Hedera helix, Araliengewächse

GRÖSSE: 0,5 – 20 m
TYPISCH: Blätter immergrün, Kletterpflanze mit Haftwurzeln
BLÜTEZEIT: Sept – Nov
ACHTUNG: Giftig!
LEBENSRAUM: Wälder, Misch- und Auenwälder. Mauern, Zäune, Felsen. Verbreitet.

NEKTARQUELLE, WASCHMITTEL, HUSTENLÖSER Im späten Herbst schwirrt es um den Efeu: Durch die späte Blütezeit wird er zur wichtigen Nahrungsquelle für Bienen, Wespen und allerlei andere Insekten. Doch die Blüten lassen lange auf sich warten – erst wenn Efeu seine Altersform erreicht hat, was acht bis zehn Jahre dauern kann, blüht er zum ersten Mal. Auch die Efeublätter unterscheiden sich dann im Aussehen, je nachdem, wo an der Pflanze sie wachsen. Die Pflanze kann zwar Übelkeit und Erbrechen bei uns Menschen verursachen, verwenden kann man sie trotzdem: Die Blätter enthalten waschaktive Substanzen und können anstatt herkömmlichem Waschpulver verwendet werden. In industriell hergestellten Arzneimitteln werden ihre Inhaltsstoffe als Hustenlöser eingesetzt.

Die Beeren reifen mitten im Winter zwischen Januar und April und sind in der kalten Jahreszeit eine wichtige Nahrungsquelle für Vögel.

TREUE, EWIGE LIEBE UND UNSTERBLICHKEIT In der römisch-katholischen Kirche gilt Efeu als Symbol der Unsterblichkeit. Frühe Christen betteten ihre Verstorbenen auf Efeublättern. Aufgrund des immergrünen Laubs wurde die Pflanze außerdem zum Symbol für ewige Liebe und Treue: Griechische Priester gaben frisch vermählten Brautpaaren eine Efeuranke mit in die Ehe.

An blühenden Trieben haben die Efeublätter eine rhombische bis ovale Form (Altersform), an nicht blühenden Trieben sind sie dagegen 3 – 5-lappig (Jugendform)

Blüten kugelig-glockig
und meist rot überlaufen
scharfkantige Stängel

Heidelbeere, Blaubeere

Vaccinium myrtillus, Heidekrautgewächse

GRÖSSE: 15 – 50 cm
TYPISCH: Scharfkantige Zweige, Beeren tiefblau mit rotem, dunklem Fruchtfleisch
BLÜTEZEIT: April – Aug
LEBENSRAUM: Nadelwälder, Heiden. Auf feuchten, nährstoffarmen und sauren Böden. Verbreitet.
SAMMELN: Reife Beeren

Heidelbeeren sind blauschwarz mit dunklem Fruchtfleisch.

GESUND UND LECKER Für die satte Farbe der Heidelbeeren sind sekundäre Pflanzenstoffe, sogenannte Anthocyane, verantwortlich. Früher wurde der Saft der Beeren zum Färben von Wolle, Spielkarten und Wein verwendet. In der Volksheilkunde werden die reifen Beeren zur Behandlung von Durchfällen genutzt. Die gesunden Beeren schmecken süß-säuerlich und passen zu Müsli oder können im Kuchen verbacken werden.

SELBST PFLÜCKEN LOHNT SICH Kultur-Heidelbeeren, die wir in Supermärkten finden, stammen nicht von unseren heimischen Heidelbeeren ab, sondern von einer nordamerikanischen Art. Die Früchte der Kultur-Heidelbeeren sind meist doppelt so groß, das Fruchtfleisch ist weiß und enthält somit auch weniger gesunde Anthocyane. Sie sind weniger geschmacksintensiv als die Beeren, die wir im Wald finden.

VERWECHSLUNGSGEFAHR

Die Gewöhnliche Rauschbeere (Vaccinium uliginosum) hat runde Zweige, blaugrüne Blätter und die Beeren sind innen hell. Der Genuss der Beeren kann zu rauschartigen Zuständen führen.

Kornelkirsche

Cornus mas, Hartriegelgewächse

GRÖSSE: 3 – 8 m
TYPISCH: Dunkelrote, ovale „Kirschen"
BLÜTEZEIT: März – April
LEBENSRAUM: Parks, häufig gepflanzt und verwildert. Lichte Wälder, Böschungen, Flussufer. Zerstreut.
SAMMELN: Früchte

Aus den reifen Kornelkirschen kann man ein leckeres Mus herstellen.

VITAMINREICHES WILDOBST Kornelkirschen müssen bei der Ernte richtig reif und dunkelrot sein, sonst sind sie sehr sauer. Wenn schon einige rote Früchte auf dem Boden liegen, ist der richtige Erntezeitpunkt. Die Vitamin-C-haltigen Früchte können zu Likör, Marmelade oder in Kuchen verarbeitet werden. Roh schmecken sie zwar auch, durch die enthaltenen Gerbstoffe wirken sie aber auch reif noch sehr zusammenziehend. Unreife Früchte legt man als „falsche Oliven" erst in Salzlake und dann in Olivenöl ein. Früher wurden die Steine als Kaffeeersatz geröstet.

Eingriffeliger Weißdorn

Crataegus monogyna, Rosengewächse

GRÖSSE: Bis 10 m
TYPISCH: Blätter tief eingeschnitten,
Zweige dornig mit erbsengroßen, roten Früchten
BLÜTEZEIT: Mai – Juni
LEBENSRAUM: Waldränder, Hecken,
Gebüsche. Häufig.
SAMMELN: Reife Früchte, Blätter, Blüten

Eingriffeliger (oben) und Zweigriffeliger (unten) Weißdorn im Vergleich

GUT FÜRS HERZ In der Phytotherapie werden Weißdornextrakte zur Regulation des Blutdrucks bei Herz-Kreislauf-Erkrankungen verwendet. Die Früchte sind roh etwas mehlig, können aber zu leckerem Weißdornketchup oder Gelee verarbeitet werden und schmecken als Früchtetee oder eingelegt in Wein.

VERWECHSLUNG Zweigriffeliger Weißdorn (*Crataegus laevigata*), Blüte hat 2 – 3 Griffel, Frucht mit 2 – 3 Kernen, nur 3 – 5 stumpfe Blattlappen, Blätter weniger tief gekerbt.

Hunds-Rose

Rosa canina, Rosengewächse

GRÖSSE: 1 – 3 m
TYPISCH: Hellrosa Blüten auf kahlen Stielen
BLÜTEZEIT: Juni
LEBENSRAUM: Hecken, Wald- und Wegränder, Ödflächen. Verbreitet.
SAMMELN: Blütenblätter, Hagebutten

GEWÖHNLICH UND MIT SCHLAFÄPFELN Der wissenschaftliche Begriff *canina* bedeutet übersetzt „Hund". Dabei ist der Begriff Hunds-Rose im Sinne von „Gewöhnliche Rose" zu verstehen und soll den Unterschied zur edlen Kulturrose verdeutlichen. Oft sind an den Zweigen der Hunds-Rose walnuss- bis apfelgroße Ballen zu sehen, die etwas wie Moosknäuel aussehen. Dabei handelt es sich um Pflanzengallen (Schlafäpfel), die die Larven der Rosengallwespe beherbergen.
JUCKPULVER Hagebuttenkerne und deren Härchen lösen bei Hautkontakt einen starken Juckreiz aus. Das kennst du vielleicht als Juckpulver aus deiner Kindheit? Ein Tee aus den Kernen schmeckt leicht nach Vanille und wird auch Kernlestee genannt. Vor dem Trinken muss er aber durch ein feines Sieb abgeseiht werden, um alle Härchen zu entfernen. Hagebutten enthalten viel Vitamin C, Flavonoide und Anthocyane und werden daher zur Vorbeugung und Behandlung von Erkältungskrankheiten genutzt. Der lösliche Ballaststoff Pektin und der Gehalt an Fruchtsäuren führen zu einer leicht abführenden Wirkung des Hagebuttenmarks.
VERWECHSLUNG Kartoffelrose *(Rosa rugosa)*, Hagebutten rundlich, Blüten größer. Blüht und fruchtet oft zur gleichen Zeit.

Die Hunds-Rose hat hellrosa Blüten mit vielen gelben Staubblättern.

Blattstiel kahl, aber mit Stacheln
Blatt kahl, gefiedert, Rand gesägt
Die kahlen, eiförmigen Früchte nennt man Hagebutten. Man kann aus ihnen Marmelade oder auch Ketchup kochen.

Die dunkelblauen, hell bereiften Schlehenfrüchte sammelt man am besten nach dem ersten Frost, erst dann schmecken sie so richtig gut.

Schlehe, Schlehdorn

Prunus spinosa, Rosengewächse

GRÖSSE: 1 – 3 m
TYPISCH: Weiße Blüten erscheinen vor dem Laubaustrieb, Zweige mit Dornen
BLÜTEZEIT: April – Mai
LEBENSRAUM: Sonnige Hecken, Waldränder, Steinhaufen. Auf oft steinigem, kalkhaltigem Boden. Häufig.
SAMMELN: Reife, dunkelblaue Früchte

Die weißen Blüten erscheinen vor den Blättern. Achtung: spitze Dornen!

HERBE BEEREN Vor den ersten Frösten schmecken die dunklen Beeren sehr herb und wirken stark zusammenziehend. Daher werden die Früchte erst nach dem ersten Frost geerntet oder aber einige Tage in die Gefriertruhe gelegt. Sie können zu Schlehenwein, Likör oder auch zu Mus verarbeitet werden. Im Mittelalter wurden die Früchte bei Durchfallerkrankungen genutzt.
SOLL VOR KRANKHEIT SCHÜTZEN Im Aberglauben spielte die Schlehe eine wichtige Rolle. So glaubte man, dass die ersten drei Blüten, die im Frühjahr gegessen wurden, einen das ganze Jahr über vor Fieber schützen würden. Wie viele andere dornige Sträucher auch, sollte der Schlehdorn vor Hexen schützen. In der Walpurgisnacht wurden daher in Schlesien Schlehenzweige an fast jeden Eingang genagelt.

SCHLEHENOLIVEN

Aus Schlehen kann man falsche Oliven herstellen: Erst für ca. 4 Wochen in Salzlake (250 g Salz auf 1 l Wasser) einlegen, dann abspülen, trockentupfen und nun in gutes Olivenöl geben.

Kupfer-Felsenbirne

Amelanchier lamarckii, Rosengewächse

GRÖSSE: 1–3 m
TYPISCH: Früchte erinnern an Heidelbeeren
BLÜTEZEIT: April–Mai
LEBENSRAUM: Häufig in Gärten und Parks gepflanzt.
SAMMELN: Reife, lilafarbene Früchte

NEU BEI UNS Eigentlich im östlichen Nordamerika zuhause, hat sich die Kupfer-Felsenbirne in Westeuropa und im westlichen Mitteleuropa als Ziergehölz eingebürgert. Die jungen Blätter treiben im Frühling kupferfarben aus, im Herbst zeigt sich der Strauch dann in einem schönen Orangerot.
FRÜHER ROSINENERSATZ Die Früchte sind essbar und wurden in manchen Regionen als Ersatz für die früher teuren Rosinen genutzt, was der Felsenbirne auch den Namen Rosinenstrauch oder Korinthenbaum einbrachte. Die ab Juli reifen Früchte sind reich an Vitamin C und erinnern im Geschmack leicht an Marzipan, schmecken ansonsten süßlich und recht mild. Sie können für Fruchtaufstrich, Saft, Sirup oder einfach roh verwendet werden – wenn du schneller bist als die Vögel, die die Früchte auch sehr lieben.
BLAUSÄURE Die Blätter und Samen enthalten sog. cyanogene Glycoside, also Stoffe, die die giftige Blausäure abspalten können. Die Blätter sollte man daher nicht essen. Bei den Früchten ist es kein Problem, da die Samen meist nicht zerkaut werden und unseren Magen-Darm-Trakt unverdaut wieder verlassen. Außerdem bräuchte es bei einem Erwachsenen eine recht große Menge davon, um eine toxische Wirkung zu erzielen.

Beim Austrieb sind die Blätter kupferfarben.

Frucht mit
aufrechtem Kelch
Blatt elliptisch,
Rand fein gesägt
Die leckeren Früchte der Felsenbirne sind anfangs hellrot, färben sich mit der Reife dann aber immer dunkler bis hin zu einem tiefen Purpur.

Hmmm – ich liebe den Duft der schirmförmigen Blütenstände. Man kann ihn am besten in Sirup einfangen und hat dann das ganze Jahr etwas davon.

Schwarzer Holunder

Sambucus nigra, Moschuskrautgewächse

GRÖSSE: 3 – 7 m
TYPISCH: Blüten in Doldenrispen, Fruchtstand hängend
BLÜTEZEIT: Juni – Juli
LEBENSRAUM: Waldränder, feuchte Wälder, Hecken, Schuttplätze. Auf feuchten, stickstoffreichen Böden. Verbreitet.
SAMMELN: Blüten, reife Früchte (gekocht)

„VOR DEM HOLUNDER DEN HUT ZIEHEN“, sagt man auch heute noch. Holunder galt im Volksglauben als Sitz der guten Hausgeister. Nach altem Glauben darf er daher niemals gefällt werden, das würde Unheil bringen. Nur Witwen, Kinder und junge Eheleute durften das Holz verbrennen, ohne eine Bestrafung erwarten zu müssen. Als Baum des Hauses und des häuslichen Friedens hat er in nahezu keinem Garten gefehlt und man findet ihn in ländlichen Gegenden heute oft noch an vielen Häusern und Höfen. Bei den Germanen wurde der Holunder als Baum des Heils verehrt und schützte vor Feuer, Zauberei und allem Bösen.
ZWEIMAL IM JAHR ERNTEN Im Frühsommer kann man die süßlich riechenden Blüten zu Tee, Sirup oder „Hollerküchle“ verarbeiten – das sind ganze Holunderblütendolden in einer Art Pfannkuchenteig ausgebacken. Holunderblütentee wird in der Heilkunde bei fieberhaften Erkältungen und Grippe verwendet. Im Herbst beschenkt uns der Holunder noch einmal: mit seinen schwarz glänzenden Beeren, die äußerst gesund sind. Sie enthalten Flavonoide, Anthocyane, Vitamine (vor allem Vitamin A, B1, B2 und C) und Folsäure. Allerdings ist es wichtig, die Beeren vor dem Verzehr zu kochen, denn roh enthalten sie Sambunigrin, was zu Verdauungsstörungen und Erbrechen führen kann.

Typisch „Holler“: schwarzblaue, herabhängende Früchte, gefiederte Blätter

Oxymel herstellen

OXYMEL (OXY = SAUER, MEL = HONIG), also Sauerhonig, ist ein Gemisch aus Honig, Essig und Kräutern, das bereits seit Jahrhunderten als Heilmittel genutzt wird. Für Oxymel kann entweder nur ein einzelnes Kraut oder aber eine Kräutermischung verwendet werden. Kamille, Lavendel und Baldrian ergeben einen beruhigenden Sauerhonig, während ein Oxymel mit Maiwipfeln (frische Austriebe der Fichte) wie ein Hustensirup wirkt.

Oxymel kann schnell aus wenigen Zutaten hergestellt werden.

SO KANNST DU DEINEN OXYMEL VERWENDEN

- 1 EL pur morgens vor dem Frühstück
- 1 EL in warmem Tee
- 1 EL gemischt mit Mineralwasser oder Saftschorle
- als Zusatz für Salatsoßen
- als „Frühjahrskur“ für mehrere Wochen täglich 1 EL eingenommen

DAS BRAUCHST DU:

- ☑ 12 EL Honig
- ☑ 6 EL Apfelessig (nicht erhitzt)
- ☑ 6 EL getrocknete Pflanzenzeile oder eine gute Handvoll frische Kräuter
- ☑ 1 Schraubglas

UND SO GEHT'S:

– Zerkleinere erst die Kräuter mit einem Messer.

– Anschließend gibst du Honig und Apfelessig in ein sauberes Schraubglas und verrührst beides miteinander.

– Nun werden die Kräuter in das Schraubglas gefüllt und mit dem Apfelessig-Honig-Gemisch vermengt. Die Kräuter müssen gut von der Flüssigkeit bedeckt sein.

– Lass deinen Oxymel für 2–4 Wochen an einem dunklen, warmen Ort ziehen und schüttle ihn einmal pro Tag.

– Nach der Ziehzeit werden die Kräuter mit einen Sieb abgesiebt und der fertige Oxymel in saubere Flaschen abgefüllt.

Auch wilde Früchte passen gut in einen Oxymel.

Frühlingsoxymel:

- Gundermann
- Löwenzahnblüten
- Schafgarbeblätter
- Spitzwegerichblätter

Erkältungsoxymel:

- Lindenblüten
- Holunderblüten
- Fichtenwipfel
- Spitzwegerichblätter

Sommerbeerenoxymel:

- Walderdbeeren
- Brombeeren
- Heidelbeeren

Buche

Fagus sylcatica, Buchengewächse

GRÖSSE: 25 – 40 m
TYPISCH: Früchte typisch 3-kantig
BLÜTEZEIT: April – Mai
LEBENSRAUM: Wälder, Parks.
Bevorzugt lockere, kalkreiche Lehmböden.
Schattenverträglich. Verbreitet.
SAMMELN: Junge Blätter, Buckeckern (Früchte)

Im April sprießen die Keimlinge im Wald. Sie sind essbar und lecker, sollten aber nur in kleinen Mengen verzehrt werden.

LECKERE FRÜCHTE Bis ins 20. Jahrhundert dienten die Früchte, Bucheckern genannt, als Nahrung und lieferten Öl und Mehl. Sie schmecken ähnlich wie Haselnuss, sollten vor dem Verzehr aber erst geröstet werden. Sie enthalten Fagin, das bei übermäßigem Genuss Bauchschmerzen verursachen kann, durch Wärmeeinwirkung aber zerstört wird. Die Buche ist einer der wichtigsten Forstbäume. Ihr Holz ist hart und zäh. Da es aber auch für Pilzerkrankungen anfällig ist, muss es erst entsprechend behandelt werden, bevor es im Außenbereich verwendet wird.

Hänge-Birke

Betula pendula, Birkengewächse

GRÖSSE: 10 – 30 m
TYPISCH: Weiße Rinde mit dunklen Rissen, Blätter dreieckig bis rautenförmig
BLÜTEZEIT: April – Mai
LEBENSRAUM: Wälder, Heiden, Ödflächen, Parkanlagen. Pioniergehölz. Verbreitet.
SAMMELN: Junge Blätter, Blütenkätzchen, Birkenwasser

FRÜHLINGSBAUM Bei den Germanen galt die Hänge-Birke als Zauberbaum, der den Frühling verkörperte. Das sogenannte „Maibaumstecken" ist in manchen Regionen immer noch ein Brauch, bei dem in der Nacht zum ersten Mai ein Birkenzweig oder ein kleines Bäumchen am Haus der geliebten Person aufgerichtet wird. Birkenblätter sind jung sehr zart und können in Salate gemischt oder in Teig ausgebacken werden. Aus Birkensaft lässt sich der Süßstoff Xylitol gewinnen.

Winter-Linde

Tilia cordata, Malvengewächse

GRÖSSE: Bis 30 m
TYPISCH: Blütenstand ist mit flügelartigem Tragblatt verwachsen
BLÜTEZEIT: Juni
LEBENSRAUM: Bergwälder. Oft in Dörfern, Städten und Alleen gepflanzt. Zerstreut.
SAMMELN: Junge Blätter, Blüten mit Tragblatt

KLASSISCHER ERKÄLTUNGSTEE Lindenblüten enthalten neben Flavonoiden etwa zehn Prozent Schleimstoffe sowie Gerbstoffe und schmecken leicht süßlich und schleimig. Ein schweißtreibender Tee aus den Blüten mit Tragblatt kann bei trockenem Reizhusten und fiebrigen Erkältungskrankheiten Linderung schaffen. Du kannst sowohl die Blüten der Winter- wie auch der Sommerlinde nutzen. Die Sommer-Linde blüht etwa 2 Wochen vor der Winter-Linde, du kannst sie am besten an ihren Blättern unterscheiden (siehe Foto.)

GERICHTSLINDEN In vielen alten Urkunden ist von *Judicum sub tilia*, dem „Gericht unter der Linde“, die Rede. Tatsächlich wurde noch weit ins Mittelalter hinein Recht unter einer Linde gesprochen. Man glaubte, dass die Linde als heiliger Baum bewirken könne, dass im Prozess die reine Wahrheit zu Tage komme. Insgesamt war die Linde im germanischen Raum der Mittelpunkt des Orts und der Gemeinschaft. Auch heute noch findet man viele Dorflinden.
Der germanischen Göttin der Liebe, Freia, geweiht, war die Linde seit jeher ein Symbol der Zuneigung.

URALT Linden sind wahre Rekordhalter, wenn es um das Alter geht. Bis zu 1000 Jahre alt können die Bäume werden.

Winter-Linde mit bräunlichen Achselbärten (li.), Sommer-Linde mit hellen Achselbärten (re.)

Beim Lindenblütensammeln muss man schnell sein: Sammle sie ein bis drei Tage nach dem Öffnen, sie verblühen sehr schnell und verlieren ihren Duft.

Stiel-Eiche

Quercus robur, Buchengewächse

GRÖSSE: 40 m
TYPISCH: Blätter mit stumpfen Lappen, gestielter Fruchtstand
BLÜTEZEIT: Mai – Juni
LEBENSRAUM: Wälder, Parks. Häufig.
SAMMELN: Eicheln

BIS ZU 1000 JAHRE alt kann eine Eiche werden. In vielen Kulturen war und ist die Eiche ein heiliger Baum. Schon von den Germanen wurde die Eiche hoch verehrt und war dem Gott Donar geweiht, der für seine Stärke bekannt war. **WERTVOLLE NAHRUNG** Früher wurden Hausschweine in den Wald getrieben, damit sie sich an den stärkehaltigen Eicheln satt fressen konnten. Durch den hohen Gerbstoffgehalt sind Eicheln roh ungenießbar. Entbittert können sie aber zu Eichelmehl verarbeitet werden, um daraus Brot und Kuchen zu backen. Geröstet wurden entbitterte Eicheln in Notzeiten als Kaffeeersatz genutzt.

Eberesche, Vogelbeere

Sorbus aucuparia, Rosengewächse

GRÖSSE: 3 – 15 m
TYPISCH: 9 – 17 Fiederblättchen pro Blatt, korallenrote Früchte
BLÜTEZEIT: Mai – Juni
LEBENSRAUM: Lichte Laub- und Nadelwälder, Gebüsche, Felsen, Moorwälder. Meist auf lockeren, nährstoffarmen Böden. Verbreitet.
SAMMELN: Reife Beeren

Der Feuerdorn (*Pyracantha coccinea*) hat einfache, ganzrandige Blätter und Dornen an den Zweigen.

VOGELBEEREN SIND GIFTIG? Das stimmt nur bedingt! Die frischen Beeren enthalten Parasorbinsäure und können u. a. zu Erbrechen und Durchfall führen. Durch Erhitzen der Früchte wird die giftige Parasorbinsäure aber zerstört und es lässt sich Kompott, Mus oder Gelee daraus machen. Dieses ist jedoch immer noch im Geschmack recht bitter. Für die Küche wird daher meist eine Kulturform der Eberesche genutzt, die Mährische Vogelbeere (*Sorbus aucuparia* ssp. *moravica*). Sie kann auch roh gegessen werden und ist fast frei von Parasorbinsäure.

Heide-Wacholder

Juniperus communis, Zypressengewächse

GRÖSSE: 0,2 – 5 m
TYPISCH: Nadeln immer zu dritt in Quirlen, Früchte dunkelblau bereift
BLÜTEZEIT: Juni – Sept
LEBENSRAUM: Heiden, Magerwiesen, Felsküsten, lichte Nadelwälder. Zerstreut.
SAMMELN: Reife, dunkelblaue Früchte

Der giftige Sadebaum hat keine Nadeln, sondern schuppenartige Blätter und riecht unangenehm.

LANGE REIFEZEIT DER BEEREN Die Beeren sind botanisch eigentlich Zapfen. Sie können zwei bis drei Jahre bis zur Reife brauchen, daher sind auch immer grüne und dunkelblaue Beeren gleichzeitig an einer Pflanze zu entdecken. Das Kauen von Wacholderbeeren soll bei unangenehmem Mundgeruch helfen. Gin, Genever und Steinhäger haben ihren besonderen Geschmack dieser Pflanze zu verdanken. Ein Wacholderstrauch kann bis zu 600 Jahre alt werden.
VERWECHSLUNG Sadebaum (*Juniperus sabina*), Blätter schuppenförmig, riechen beim Zerreiben unangenehm. Giftig!

Die Nadeln der Tanne (unten) sehen aus wie gescheitelt, die der Fichte (oben) stehen rund um den Zweig.

Fichte

Picea abies, Kieferngewächse

GRÖSSE: 40 – 60 m
TYPISCH: Zapfen hängend, fallen als Ganzes ab.
Nadeln rund um den Zweig, spitz
BLÜTEZEIT: April – Juni
LEBENSRAUM: Wälder, forstliche Monokulturen, Solitärbaum.
Auf eher feuchten Böden in kühlen Gegenden. Häufig.
SAMMELN: Junge Triebspitzen, Nadeln, Harz

HÄUFIGSTE NADELBAUMART In Deutschland bestehen etwa 25 Prozent der Nadelwälder aus Fichten, sie ist damit der häufigste Baum des Landes. Das Holz ist ein wichtiger Ausgangsstoff für die Papier- und Zellstoffherstellung. Der Baum kann bis zu 600 Jahre alt werden.
MAIWIPFEL Im Frühjahr können die frisch austreibenden Triebspitzen, Maiwipfel genannt, gegessen und zu Fichtenspitzenhonig oder -likör verarbeitet werden. Sie schmecken auch roh lecker und sind leicht säuerlich.
VERWECHSLUNG Weiß-Tanne (*Abies alba*, Seite 151). Nadeln stechen nicht, Unterseite mit zwei hellen Wachsstreifen.

Harzsalbe herstellen

Bei kleinen Hautverletzungen fördert Harzsalbe die Heilung.

MEIN ALLHEILMITTEL

Eine Harzsalbe besteht aus Baumharz, Öl und Bienenwachs und wird traditionell als Zugsalbe verwendet. Zugsalbe daher, weil sie etwas „zuzieht“, also eine offene Wunde verschließt. Harz wirkt außerdem desinfizierend und antibakteriell. Harzsalbe wird traditionell bei kleineren Schnittwunden und schlecht heilenden Wunden verwendet, ich nutze sie aber auch bei Lippenherpes oder tupfe sie auf Pickel und Mitesser.

Auch Honigbienen sammeln Harz von Baumrinden und Blattknospen. Vermischt mit ihrem Speichel setzen sie es als Propolis im Bienenstock ein. Es schützt das Nest vor Keimen und wird als Kittmaterial verwendet.

Harzsalbe kannst du zu jeder Jahreszeit herstellen.

WIE SAMMELT MAN HARZ?

Harz kannst du von Fichten, Kiefern oder Lärchen sammeln. Doch bedenke: Der Baum bildet das Harz als Schutz. Ist ein Baum verletzt, so tritt über die Harzkanäle des Baumes das Harz nach außen, um ihn vor unerwünschten Eindringlingen und Infektionen zu schützen. Daher ist es wichtig, dass du nur Harz nimmst, das der Baum selbst nicht mehr benötigt. Sammle also nur bereits ausgehärtetes Harz. Wenn es noch weich ist, lass es dem Baum. Einen optimalen Sammelzeitpunkt gibt es dabei nicht, du kannst zu jeder Jahreszeit sammeln.

DAS BRAUCHST DU:

- ☑ 30 g Harz (Fichte, Kiefer oder Lärche)
- ☑ 80 g Olivenöl (oder wahlweise 40 g Olivenöl und 40 g Mandelöl)
- ☑ 8 g Bienenwachs
- ☑ saubere Schraubgläser
- ☑ dünnes Baumwolltuch oder feiner Filter
- ☑ Topf für ein Wasserbad
- ☑ Tiegel zum Aufbewahren deiner Harzsalbe

UND SO GEHT'S:

Gib Öl und Harz in ein sauberes Schraubglas und stelle es in ein Wasserbad. Bei geringer Hitze erwärmen, bis sich das Harz gelöst hat. Nun das Öl-Harz-Gemisch durch ein dünnes Tuch oder einen Filter in ein frisches Glas geben, um Verschmutzungen zu entfernen. Jetzt das Bienenwachs dazugeben und noch einmal im Wasserbad erwärmen. Rühre, bis sich das Wachs ganz aufgelöst hat. Die noch flüssige Harzsalbe jetzt in saubere, trockene Tiegel füllen. Verschließe sie erst, wenn die Salbe ausgehärtet ist, da sich sonst Kondenswasser bildet. Beschriften nicht vergessen!

Die Tanne erkennst du am besten, wenn du sie von der Zweigunterseite her betrachtest. Auf den Nadeln siehst du dann zwei weiße Wachsstreifen wie „Skispuren". Die Nadeln stehen rechts und links vom Zweig und haben eine stumpfe Spitze.

Weiß-Tanne

Abies alba, Kieferngewächse

GRÖSSE: 30 – 50 m
TYPISCH: Zapfen stehend, Wachsstreifen auf der Nadelunterseite, Nadeln stumpf und zweizeilig
BLÜTEZEIT: April – Juni
LEBENSRAUM: Wälder
SAMMELN: Junge Tannentriebe, Tannennadeln

WACHS SCHÜTZT VOR AUSTROCKNUNG Der weihnachtliche Tannenbaum ist in der Regel keine Tanne, sondern eine Fichte. Der Merksatz „Die Fichte sticht, die Tanne nicht" zeigt den Unterschied in der Beschaffenheit der Nadeln und hilft, die zwei Arten auseinanderzuhalten. Eine Tannennadel ist stumpf und vorne leicht eingekerbt. Ein weiteres Erkennungsmerkmal sind die zwei bläulich-weißen Wachsstreifen auf der Rückseite der Nadeln. Der Wachsüberzug schützt vor Austrocknung. Der Baum wird vom Wind bestäubt und blüht zum ersten Mal, wenn er bereits über 40 Jahre alt ist.
TANNENZAPFEN STEHEN AUF DEM AST Was man im Wald auf dem Boden findet und oft als „Tannenzapfen" bezeichnet, sind tatsächlich die Zapfen der Fichte. Denn Tannenzapfen fallen nicht als Ganzes vom Baum. Sie stehen wie Kerzen auf den Zweigen (die Zapfen der Fichte hängen) und zerfallen in einzelne Schuppen, die darunterliegenden Samen landen auf dem Boden. Die sogenannte Spindel, also das, was übrig bleibt, wenn Schuppen und Samen abgeworfen wurden, bleibt auf dem Baum und ist fest mit ihm verbunden.
VERWECHSLUNG Europäische Eibe *(Taxus baccata)*, Nadeln weich, dunkelgrün. Giftig!

Die Eibe *(Taxus baccata)* ist stark giftig. Ihre Nadeln sind weich und dunkelgrün, sie trägt rote Früchte.

Wald-Kiefer, Föhre

Pinus sylvestris, Kieferngewächse

GRÖSSE: 20 – 30 m
TYPISCH: Spiralig angeordnete, immergrüne Nadeln, Zapfen kugelig bis eiförmig
BLÜTEZEIT: April – Juni
LEBENSRAUM: Wälder. Auf nährstoffarmen, trockenen Sandböden bis 1600 m.
SAMMELN: Junge Kiefernnadeln, junge männliche Blütenknospen, Samen

BERNSTEIN, das „Gold des Nordens", besteht aus dem fossilen Harz der Föhre. Noch heute wird Kiefernharz für die Terpentinherstellung gewonnen und findet Verwendung in der Produktion von Ölfarben und Lacken. Eine interessante Eigenschaft von Kiefern besteht darin, dass sie Wasser direkt aus der Luft in Form von Tau oder Nebel aufnehmen können. In der Küche kann man einen köstlichen Likör aus den jungen Nadeln von Fichten herstellen.

Europäische Lärche

Larix decidua, Kieferngewächse

GRÖSSE: 40 – 50 m
TYPISCH: 20 – 40 Nadeln stehen in kleinen Büscheln zusammen
BLÜTEZEIT: März – Mai
LEBENSRAUM: Ursprünglich nur in den Alpen. Gepflanzt in Wäldern, Parks.
SAMMELN: Junge Lärchennadeln, junge weibliche Blütenstände

Im Herbst färben sich die Nadeln der Lärche goldgelb, bevor sie abfallen.

IM WINTER KAHL Die Lärche ist bei uns der einzige Nadelbaum, der jedes Jahr im Herbst seine Nadeln abwirft und im Winter kahl ist. Auch der wissenschaftliche Name *decidua,* was mit „laubabwerfend" übersetzt werden kann, bezieht sich darauf. Die frischen Lärchennadeln können im Frühjahr direkt vom Baum genascht oder für Brotaufstriche genutzt werden – sie schmecken frisch nach Zitrone und leicht harzig. Die kugeligen Zapfen bleiben oft mehrere Jahre am Zweig hängen und fallen erst durch Wind und Witterung oder direkt mit dem ganzen Zweig ab.

Register

Die gefetteten Zahlen zeigen dir, auf welchen Seiten du die ausführlichen Artporträts findest.

Impressum

Umschlaggestaltung von Gramisci Editorial Design (Sandra Gramisci), München, unter Verwendung zweier Fotos von Theresa Ester-Nacke (Autorenfoto vorne, Handmotiv hinten) und zweier Fotos von shutterstock (Buschwindröschen © unpict / Kornblume © Otis). Das Motiv auf der Umschlagrückseite zeigt von oben nach unten Rosen-Malve, Moschus-Malve und Wilde Malve.

Mit 241 Fotos von Frank Hecker (16: S. 31, 34 (Frucht), 44, 47, 53, 66, 68, 104, 107, 109 (oben), 115, 116 (Früchte), 132, 133, 138, 153) und Roland Spohn (1: S. 153 klein). Alle weiteren Fotos von Theresa Ester-Nacke.
Mit 23 Illustrationen von Marianne Golte-Bechtle (13: S. 16, 21, 24, 26, 53, 81, 89, 90, 94, 104, 108, 144, 152), Sigrid Haag (2: S. 82, 140), shutterstock (2: S. 2 beide) und Roland Spohn (8: S. 22 beide, 60, 63, 68, 69, 91, 100).
Symbole von Anna Schulz.

Alle Angaben in diesem Buch sind sorgfältig geprüft und geben den neuesten Wissensstand bei der Veröffentlichung wieder. Da sich das Wissen aber laufend weiterentwickelt, muss jede Anwender:in prüfen, ob die Angaben nicht durch neuere Erkenntnisse überholt sind. Jede Verwendung erfolgt auf eigene Gefahr. Weder die Autorin noch der Verlag haften für Schäden, die aus der Verwendung der im Buch vorgestellten Arten und Rezepte entstehen können.

DER NATURFÜHRER No. 1*

*Quelle: Media Control MC Metis, Deutschland, FY 2021, WG 420– Natur und WG 422– Naturführer, Umsatz

Gedruckt auf chlorfrei gebleichtem Papier

ISBN 978-3-440-17748-8
Redaktion: Claudia Salata
Gestaltungskonzept: Gramisci Editorial Design, München
Klappengestaltung und Sonderseiten: Gramisci Editorial Design, München
Gestaltung und Satz: Sigrid Walter, Würzburg
Produktion: Markus Schärtlein
Druck und Bindung: Longo AG, Bozen
Printed in Italy / Imprimé en Italie

FSC www.fsc.org MIX Papier | Fördert gute Waldnutzung FSC® C023164

Theresa, erzähl doch mal...

WELCHE PFLANZE HAST DU ALS ERSTE REGELMÄSSIG VERWENDET?

Die Brennnessel war eine der Pflanzen, die ich von Anfang an regelmäßig genutzt habe. Sie ist so vielseitig, einfach zu bestimmen und schmeckt wirklich gut! Ich nutze die obersten Blatttriebe als Tee im Frühjahr. Einen Kaltauszug der Brennnessel verwende ich als Haarkur und wenn ich Suppe koche, püriere ich einfach noch ein paar Blättchen mit hinein. Im Spätsommer sind dann die Samen ein wahrer Genuss.

GIBT ES EINE ZUBEREITUNG AUS WILD- UND HEILPFLANZEN, DIE BEI DIR NIE AUSGEHEN DARF?

Harzsalbe ist bei mir absolut immer mit an Bord – egal wo es hingeht. Schau mal auf Seite 148 nach, da gebe ich dir eine genaue Anleitung zum Selbermachen.

Die Brennnessel ist eine anfängerfreundliche Wildpflanze. Unverwechselbar – man darf sich nur nicht piksen lassen.